数字化转型理论与实践系列丛书

数智融合
楼宇智慧化转型之路

孟涛　周明春　编著

电子工业出版社
Publishing House of Electronics Industry
北京·BEIJING

内 容 简 介

本书以当今全球兴起的数字化转型浪潮为背景，以我国建筑业拥抱互联网技术，谋求行业突破为契机，从行业基础、业务洞察、战略规划多个视角，探索传统建筑行业和新兴技术融合的机会，借国家"互联网+"战略行动之势，寻找建筑业转型升级之路。本书的内容主要包括智慧建筑发展历程、市场现状及未来趋势、数字化基础设施、困境及破解之法、底层逻辑思考、建设思路，以及国内外数字平台实践、落地案例、进阶要点和展望等，希望能给建筑业的数字化转型升级提供新思路和新方法，能为正在探索"楼宇智慧化"的行业专家提供技术参考与决策支持，同时也能给广大智慧建筑从业者带来启发。

未经许可，不得以任何方式复制或抄袭本书之部分或全部内容。
版权所有，侵权必究。

图书在版编目（CIP）数据

数智融合：楼宇智慧化转型之路 / 孟涛，周明春编著. —北京：电子工业出版社，2022.6
（数字化转型理论与实践系列丛书）
ISBN 978-7-121-43494-5

Ⅰ. ①数… Ⅱ. ①孟… ②周… Ⅲ. ①智能化建筑－楼宇自动化 Ⅳ. ①TU855

中国版本图书馆 CIP 数据核字（2022）第 085540 号

责任编辑：李树林　　文字编辑：底　波
印　　刷：北京七彩京通数码快印有限公司
装　　订：北京七彩京通数码快印有限公司
出版发行：电子工业出版社
　　　　　北京市海淀区万寿路 173 信箱　邮编：100036
开　　本：720×1 000　1/16　印张：16.25　字数：309 千字
版　　次：2022 年 6 月第 1 版
印　　次：2023 年 4 月第 4 次印刷
定　　价：88.00 元

凡所购买电子工业出版社图书有缺损问题，请向购买书店调换。若书店售缺，请与本社发行部联系，联系及邮购电话：（010）88254888，88258888。
质量投诉请发邮件至 zlts@phei.com.cn，盗版侵权举报请发邮件至 dbqq@phei.com.cn。
本书咨询和投稿联系方式：（010）88254463，lisl@phei.com.cn。

序　一

随着时代和科技的飞速发展，包括交通、物流、市政、通信在内的各类发展因素给人们的生活方式、工作模式都带来了巨大的改变。现代城市普遍在向复杂型城市进化，复杂型城市片区常见的特征包括高密度和高容积率、功能高度复合化、空间高度立体化、交通枢纽高度汇聚、新老用地交错、用地权属复杂多样等，立体城市只是城市复杂巨系统的表现形式之一。

实际上，立体城市是多功能、多要素建筑群的复合体。高度密集、高度混合的功能单元聚合到一起，构成立体城市的基本单元或细胞。因此，立体城市就是由一系列复合建筑构成的，这便是二者之间的关系。随着复合建筑的数量越来越多、规模越来越大，它们本身也就越来越具有城市属性；其容纳的功能越复合，各种要素交互的机会也就越多，自然会给城市带来更多活力和发展潜力。

近年来，我持续研究城市与建筑的未来性，提出了"奇点建筑"这个概念。美国未来学家雷蒙德·库兹韦尔（Raymond Kurzweil）借用"奇点"这一天体物理学术语预言 2045 年是"人机合一"的时刻。在我看来，这个时刻到来后，建筑将成为"人机合一"的空间延伸与尺度放大。建筑师应在思想观念及建筑创作实践层面更新理念，洞察建筑在技术文化等方面的发展走向，迎接"奇点时代"的来临。面对着加速复杂而矛盾化的未来，人类要通过跨学科信息的整合来突破当代语境下对建筑未来讨论的局限，同时思考生态环境、科技与人之间不稳定关系在未来的某种可能性。随着信息通信技术、计算机技术、移动互联网技术以及自动控制技术等新的技术越来越深入地应用到建筑行业，就形成了智慧化建筑的概念。建筑的主要作用是满足人们的生活需要；而智慧化建筑则利用已掌握的物质技术手段，并运用一定的科学规律、人文理念与美学法则创造新生态与新环境，是科学技术、人文艺术、社会经济理念等学科的综合体。智慧建筑采用人工智能、大数据分析、云计算、物联网等多种前沿的新技术，为人们日益增长的物质和精神需求提供了更优越的基础环境。

未来随着城市建筑的发展，基于对各种新模式的探索和科技的进步，可能会产生一些意想不到的城市样态。其中离不开科研人员、社会学家、城市规划师、建筑师等各行各业专家的共同努力，一起建构和创造出更适应未来发展的新模式。

无论是不是行业的从业者，我们都希望去了解建筑行业的前世今生与未来的发展，这是和每个人都息息相关的。这本书深入浅出地将智慧化建筑从理论层面到实践应用层面都进行了详细的讲解，同时搭配了多元化的实践案例，能让读者更好地理解智慧化建筑的应用场景与实战经验。

中国工程院院士
全国工程勘察设计大师
2022 年 4 月 15 日

序 二

在 2022 年元宵节的夜晚,窗外一片寂静,杭州难得的两场大雪后空气格外清新,我也难得地从日常的忙碌中安静下来,思考和回顾本书的发端与演进。

这是新冠肺炎疫情已经在全球肆虐的第三个年头,我们的日常生活和工作已经被深深影响,跨国旅行已经变成了每个人几年前的回忆,口罩和核酸检查已经变成了我们的日常,而建筑作为和人类生活密不可分的伙伴,也在被深深影响。公共建筑内密集的人来人往已经成为过往,家变成了守护人类安全的最终港湾,作为从事智慧建筑行业多年的建筑人,我也在不断地思考:我们可以为这个在不确定中动荡的世界做些什么?

智慧建筑已经历经几十年的不断发展,从最初的楼宇控制,到智能建筑,再到现在炙手可热的智慧建筑与建筑数字化。无一不是几代建筑人和科技人不断地把人类对美好空间的需求和每个时下最新的技术结合所产生的火花,虽然历久但依然弥新。然而时至今日,智慧建筑依然没有成为一个独立的学科存在,也缺乏具有相对系统性的思维和专业性的文字来描述和总结这个跨学科的行业。本书的发端就是想把我们在这些年关于建筑智慧化、数字化的思考和实践做一个大胆的总结,借以引起行业同人的共鸣,共同持续关注和发力这个充满魅力而又和人类息息相关的行业。同时也想对有志于在这个行业发展的年轻人提供一点点帮助,让他们能够尽快地了解行业发展的历史和趋势,并鼓励更多的跨行业人才进入这个领域,让更多、更新、更有创意的智慧融入建筑,让建筑这个传统行业能够真正地与各种科技可能性结合,在跨界、融合、创新中让建筑真正成为守护人类的家园。

智慧建筑的发展既要传承历史又要大胆创新,既要有工程经验又要有数字化思维,既要看到行业在数字化方面的落后困境又要看到时代机遇而不畏挑战。建筑智慧化之路既坎坷又充满想象,并且前景广阔,愿与行业同人共勉,携手同行。

在本书编写过程中,得到了来自美的集团、江森自控、西门子楼宇科技、阿里巴巴等单位的专家和技术人员的支持和鼓励,他们也对书中的内容提出了非常有价值的建议。除我本人外,还有同事绪伟凡、张怀参与了部分资料的收集,对他们一并表示感谢!

感谢我的朋友周明春能够和我一道参与本书的编著,感谢和我一起在建筑智慧化、数字化道路上多年一起并肩作战的小伙伴,也感谢行业内的各位前辈在实践过程中提出的宝贵建议,最后还要感谢我的妻子对我的鼓励和支持,让我终于有勇气将这本书的构思付诸行动。

孟　涛

前　言

建筑就和人一样，也会经历生老病死。整个建筑的生命周期可总结为：规划设计、实施建造、交付运营、综合运维、废弃拆除。这个生命周期可以和人类从孕育、诞生、发育、步入社会历练最后到死亡相类比。整个生命周期是一脉相承、环环相扣的。

世界上没有两个完全一样的人，同理，世界上也不存在两栋完全一样的建筑，而且在人生中有接近 90%的时光在是建筑中度过的，健康、和谐、舒适是人们对建筑的基本要求。当前，数字化的浪潮已席卷全球，各行业的数字化转型如火如荼，建筑在确保其基本功能属性不变的情况下，将实现人们个性化、智慧化需求，从而达到建筑业的数字化转型升级。我们长期从事建筑智慧化的研究和实践，现把这个过程中的应用和案例汇聚成本书——《数智融合：楼宇智慧化转型之路》，期望能给读者带来启发。

如果你是初次接触智慧建筑的普通读者，希望通过本书可以学到何为智慧建筑，它是如何做到有温度、有思想、有情感的。

如果你是本行业从业多年的资深人士，希望通过本书能够了解多家大厂当前实践智慧建筑的成果、经验和思考。

如果智慧建筑只是各类新技术的堆叠，这样的建筑是没有灵魂的。向内心深处探求，让建筑能拥有感知、拥有智慧，并且可以真正实现落地，这是我们的使命。建筑自身虽然没有情感，但通过技术改造，是可以一点一滴地被赋予艺术、情感和精神的。要建造有智慧的楼宇，需要换位思考，更需要学会共情与包容。当人们理所当然地想着去控制建筑、驱使建筑，而不先去理解它、接受它时，就有可能引发矛盾，带来冲突。要想让建筑更好地服务于人，就要去了解建筑、掌握建筑，和建筑产生共鸣。如果一个建筑都无法打动说服作为建造者的你，也将无法与你产生深层次的连接，那么这种建筑也就很难打动其他人。

智慧建筑是信息技术（IT）、运营技术（OT）和人工智能的结合，也是建筑工业化和建筑生态化的产业融合。无论是建立数据标准，打造全场景化数字平台，还是强化交互智能、主动服务的应用生态建设，以及进行相应的配套组织结构调整来支撑这些转型，最后的落脚点还是聚焦到一处：建筑的本质是为人服务的，为的是更好地为人们提供生活、工作、居住的空间场所，让人们可以更好地可持续发展。所以数字化不仅仅是"面子工程"，更是"里子工程"，既要让建筑业主获得更好的收益，又要让一线的运维人员也享受到数字化带来的工作便捷，同时还要为使用者带来便利。通过数据驱动让楼宇业主能更好地把控楼宇状况和资源消耗进度，合理调配优化资产收益比；借助新技术新手段，用人工智能代替人工巡检，运维人员不用 7 天×24 小时连轴转和现场值守；结合智能控制、无人派送、人工智能无感检测，让楼宇的用户可以享受到便捷、舒适的入住体验。这些也是建筑智慧化对人类自身可持续发展的一种诠释。

全书共 10 章，主要内容如下。

第 1 章 智慧建筑的前世今生。本章在回顾建筑信息发展的基础上，梳理了前期智能建筑和新时期智慧建筑的区别，阐述建筑信息化、建筑数字化、建筑智慧化的关键内涵，从建筑演进角度，对智慧建筑提出顶层设计的定义，并对智慧建筑的行业生态进行介绍。

第 2 章 智慧建筑的发展现状及趋势。本章详细分析了国内外智慧楼宇的发展情况、典型特征，并对行业未来可预见的发展趋势进行探讨，在此基础上提出了智慧建筑的行业发展机遇和挑战。

第 3 章 新时期智慧建筑的数字化基础设施。本章系统性地介绍了支撑新时期智慧建筑实现的各类新型信息基础技术，这些技术的有机融合及在建筑载体上的综合应用，共同构成建筑智慧化的数字化基础设施。

第 4 章 当前建筑智慧化发展的困境及破解之法。本章是国内完整系统地分析智慧建筑发展的困境并提出相应解决对策的原创性研究成果。从智能系统核心产品国产率低,到缺少技术创新和总体布局、顶层设计,总结造成这些问题的根源和破解方法。

第 5 章和第 6 章是全书的重点。第 5 章 建筑智慧化的底层逻辑思考,紧承前述发展困境,探索相应对策和落地实现的可行路径,提出了五条底层逻辑思考方案。第 6 章 建筑智慧化的建设思路,将该思路代入底层逻辑,选择相配套的解决方法,阐述提炼出六条核心建设要素。

第 7 章 国内外建筑智慧化的平台探索。本章主要介绍国内外现有建筑智慧化平台,从传统行业和新兴 IT 行业两类公司的建设方案对比中,提出跨行业合作共创,相互融合才是未来发展之路。

第 8 章 智慧化建筑的实践案例剖析。本章介绍目前几个相对成功的智慧建筑案例,同时全方位阐述其背后的建设思路,和第 6 章的核心建设要素前后呼应。

第 9 章 建筑智慧化进阶的核心要点及趋势。本章围绕高阶智慧建筑的发展模式,提出绿色零碳和装配式建筑所代表的两条主线——建筑生态化、建筑工业化,并指出产业互联才是中国建筑、建筑业智慧化可持续发展的未来关键。

第 10 章 展望。建筑行业数字化转型的核心是线上线下深度融合,未来也会沿着这一方向发展。

建筑的数字化转型是未来社会发展的必然趋势,不同的人对于数字化赋能建筑的理解和认知会存在或多或少的差异,希望我们的这一研究工作能为建筑业转型升级提供新思路和新方法,能为正在探索中前行的建筑智慧化提供技术参考与决策支持,也能给广大智慧建筑从业者提供启发和帮助。限于作者水平,书中不足之处在所难免,肯请广大读者批评指正。

目　录

第1章　智慧建筑的前世今生 ··· 1
　1.1　智慧建筑发展历程分析 ··· 1
　　　1.1.1　建筑信息化 ··· 4
　　　1.1.2　建筑数字化 ··· 4
　　　1.1.3　建筑智慧化 ··· 5
　1.2　智慧建筑定义和分类 ··· 7
　　　1.2.1　智慧建筑的行业定义 ··· 7
　　　1.2.2　智慧建筑的行业分类 ··· 8
　1.3　智慧建筑的行业生态 ·· 10

第2章　智慧建筑的发展现状及趋势 ·· 12
　2.1　全球智慧建筑市场发展现状分析 ·· 12
　　　2.1.1　行业发展现状 ·· 13
　　　2.1.2　行业发展特征 ·· 14
　　　2.1.3　行业发展前景 ·· 15
　2.2　国内智慧建筑行业发展概况 ·· 16
　　　2.2.1　行业发展阶段 ·· 16
　　　2.2.2　行业发展特点 ·· 17
　　　2.2.3　行业竞争格局 ·· 18
　2.3　智慧建筑行业发展趋势 ·· 19
　　　2.3.1　以人为本，柔性建筑 ·· 19
　　　2.3.2　传统 OT 与新兴 IT 的融合 ······································· 21
　　　2.3.3　上云化、服务化、数据驱动 ······································ 23
　　　2.3.4　产业链上下游的网络协同 ·· 24

2.3.5 用户个性化与能力复用化相结合 …………………………… 26
2.4 行业面临的机遇和挑战 …………………………………………… 28
2.4.1 机遇 ……………………………………………………………… 29
2.4.2 挑战 ……………………………………………………………… 32

第 3 章 新时期智慧建筑的数字化基础设施 …………………………… 35

3.1 人工智能/机器学习 ………………………………………………… 35
3.1.1 人工智能/机器学习介绍 ……………………………………… 35
3.1.2 人工智能在建筑上的价值体现 ………………………………… 37
3.2 建筑信息模型 ………………………………………………………… 40
3.2.1 建筑信息模型介绍 ……………………………………………… 40
3.2.2 BIM 在建筑上的价值体现 …………………………………… 42
3.3 云计算 …………………………………………………………………… 45
3.3.1 云计算介绍 ……………………………………………………… 45
3.3.2 云计算在建筑上的价值体现 …………………………………… 45
3.4 物联网 …………………………………………………………………… 48
3.4.1 物联网介绍 ……………………………………………………… 48
3.4.2 物联网在建筑上的价值体现 …………………………………… 50
3.5 大数据 …………………………………………………………………… 53
3.5.1 大数据介绍 ……………………………………………………… 53
3.5.2 大数据在建筑上的价值体现 …………………………………… 56
3.6 5G 及边缘计算 ……………………………………………………… 58
3.6.1 5G 及边缘计算介绍 …………………………………………… 58
3.6.2 5G 及边缘计算在建筑上的价值体现 ………………………… 60
3.7 地理信息系统 ………………………………………………………… 62
3.7.1 地理信息系统介绍 ……………………………………………… 62
3.7.2 地理信息系统在建筑上的价值体现 …………………………… 63
3.8 数字孪生 ………………………………………………………………… 65
3.8.1 数字孪生介绍 …………………………………………………… 65

3.8.2　数字孪生在建筑上的价值体现……………………………………68

第 4 章　当前建筑智慧化发展的困境及破解之法……………………………70

　4.1　缺少标准………………………………………………………………………71
　　　4.1.1　困境现状……………………………………………………………71
　　　4.1.2　解决对策……………………………………………………………72

　4.2　监管乏力，管理粗放…………………………………………………………73
　　　4.2.1　困境现状……………………………………………………………73
　　　4.2.2　解决对策……………………………………………………………74

　4.3　以管代智，重建设轻运营……………………………………………………75
　　　4.3.1　困境现状……………………………………………………………75
　　　4.3.2　解决对策……………………………………………………………76

　4.4　项目式建设欠缺平台化思维…………………………………………………78
　　　4.4.1　困境现状……………………………………………………………78
　　　4.4.2　解决对策……………………………………………………………79

　4.5　系统集成而非集成化系统……………………………………………………81
　　　4.5.1　困境现状……………………………………………………………82
　　　4.5.2　解决对策……………………………………………………………82

第 5 章　建筑智慧化的底层逻辑思考……………………………………………85

　5.1　数字化实质……………………………………………………………………87
　　　5.1.1　信息能量进化………………………………………………………88
　　　5.1.2　连接、共生、当下…………………………………………………90
　　　5.1.3　技术推动创新………………………………………………………92

　5.2　建筑数据语义模型……………………………………………………………94
　　　5.2.1　建筑数据模型………………………………………………………95
　　　5.2.2　建筑语义模型………………………………………………………97

　5.3　建筑物联网（BIoT）…………………………………………………………100
　　　5.3.1　IT/OT 新融合………………………………………………………100

　　　　5.3.2　集中和分散综合体 ·················· 102
　5.4　虚实融合的时空统一 ························· 103
　　　　5.4.1　数字孪生平台 ······················ 104
　　　　5.4.2　智能交互 ·························· 106
　5.5　数据业务资产化 ····························· 109
　　　　5.5.1　数据为生产要素，AI 为生产方式 ······ 109
　　　　5.5.2　业务导向，数据闭环 ················ 112
　　　　5.5.3　多租户全场景 ······················ 114

第 6 章　建筑智慧化的建设思路 ····················· 117
　6.1　要素一：建立相关数据标准，促进数据融合与应用开发 ····· 117
　　　　6.1.1　数据标准化是为数据业务化服务的 ····· 118
　　　　6.1.2　数据标准化是数据治理的关键环节 ····· 121
　　　　6.1.3　数据标准化促进多方价值融合 ········· 122
　6.2　要素二：支撑全场景的平台化核心能力建设 ······· 123
　　　　6.2.1　统一业务平台支撑业务链全局数字贯通 ··· 124
　　　　6.2.2　统一数据平台支撑业务优化链路闭环 ····· 126
　　　　6.2.3　复用能力支持业务快速创新 ··········· 128
　6.3　要素三：重视协同能力再造 ··················· 129
　6.4　要素四：组织结构的转变 ····················· 131
　6.5　要素五：主动式服务、交互智能 ··············· 133
　6.6　要素六：强化产业生态合作 ··················· 134

第 7 章　国内外建筑智慧化的平台探索 ··············· 137
　7.1　国外的智慧建筑实践 ························· 137
　　　　7.1.1　江森自控 OpenBlue 数字化平台 ········ 138
　　　　7.1.2　霍尼韦尔 BPS ························ 145
　　　　7.1.3　西门子 Desigo CC ··················· 149
　　　　7.1.4　施耐德 EcoStruxure ·················· 153

目录

7.2 国内的智能建筑实践 ·· 156
    7.2.1 阿里巴巴 IBOS ·· 156
    7.2.2 华为沃土数字平台 ·· 159
    7.2.3 腾讯微瓴 ·· 163
    7.2.4 美的楼宇科技数字化平台（iBUILDING）················· 165

7.3 总结对比 ·· 171

第8章 智慧化建筑的实践案例剖析 ·· 174

8.1 阿里亲橙里商超 ·· 174
    8.1.1 案例背景及基本情况 ·· 174
    8.1.2 系统架构 ·· 176
    8.1.3 案例特点 ·· 178
    8.1.4 案例成效及意义 ··· 180

8.2 顺德和美术馆 ··· 181
    8.2.1 案例背景及基本情况 ·· 181
    8.2.2 系统架构 ·· 182
    8.2.3 案例特点 ·· 188
    8.2.4 案例成效及意义 ··· 189

8.3 上海市同济医院 ·· 190
    8.3.1 案例背景及基本情况 ·· 190
    8.3.2 系统架构 ·· 191
    8.3.3 案例特点 ·· 198
    8.3.4 案例成效及意义 ··· 202

8.4 深圳大学本原智慧建筑 ·· 205
    8.4.1 案例背景及基本情况 ·· 205
    8.4.2 系统架构 ·· 206
    8.4.3 案例特点 ·· 215
    8.4.4 案例成效及意义 ··· 215

8.5 案例剖析 ·· 217

第9章　建筑智慧化进阶的核心要点及趋势······219

9.1　绿色零碳建筑······219
9.1.1　从低碳到零碳······220
9.1.2　如何零碳甚至负碳······222
9.1.3　绿色建筑空间巨大······226
9.1.4　未来绿色零碳建筑是大势所趋······228

9.2　装配式建筑······231
9.2.1　装配式建筑的优势······232
9.2.2　装配式建筑为何难推进······233
9.2.3　装配式建筑+BIM······235

9.3　跨产业互联······238
9.3.1　两个轮子······238
9.3.2　产业互联······239

第10章　展望······242

参考文献······244

第 1 章
智慧建筑的前世今生

建筑（楼宇）是人类文明的一面镜子。人类几千年的建筑史表明，建筑总能反映其所处时代的科学技术水平，并且映射出那个时代的社会生产方式和生活方式。不断发展的人类社会活动需求是建筑不断发展的根本动力，科学技术则是实现建筑的功能与美观两大基本目标的前提和手段。

随着以计算机技术为核心的信息技术（IT）不断地被深入开发和广泛应用，人们的工作、生活和学习方式正在被极大地改变着。而信息技术的运用，也让传统建筑行业发生新的变化。人们对建筑在信息交换、安全性、舒适性、便利性和节能性等诸多方面提出了更高要求，建筑与电子信息技术、计算机技术、控制技术等不断融合，产生了以信息化与自动化为突出特点的智能建筑。

1.1 智慧建筑发展历程分析

智能建筑于 20 世纪 80 年代诞生于美国。1984 年，美国联合技术公司（UTC）将建筑设备信息化、整合化概念应用于美国康涅狄格州哈特佛市的都市办公大楼（City Place Building），建造了全球首座"智能型建筑"。这座大楼采用计算机技术对楼内的空调、供水、消防、防盗、照明、供配电系统等进行自动化综合管理，并为大楼的用户提供语音、文字、数据等信息服务。

随后，各国陆续开始了智能化建筑及城市的建设，其中以美国、日本兴建的智能建筑最多。英国、法国、加拿大、瑞典、德国在 20 世纪 80 年代末至 90 年代初也都建设了富有自己特色的各类智能建筑。我国的智能建筑应用最早则始于香港，如汇丰银行大厦、立法会大厦等。20 世纪 80 年代末的北京发展大厦是大陆较早的智能建筑，开始在建筑中采用设备自动化系统、通信网络系统、办公自动化系统等。20 世纪 90 年代初建成于广州市的广东国际大厦可称为大陆早期智能建筑的示范项目，已具有较完善的建筑智能化系统及高效的国际金融信息网络。

从智能建筑到智慧建筑，只有一字之差却孕育了天翻地覆的革命。

智能建筑的概念也一直处于不断演变当中。美国智能建筑学会将智能建筑定义为：可以将建筑结构、系统、服务和管理这四项基本要素及其之间的相互关系全面综合，并能够提供一个高效和具有成本效益环境的建筑。与此同时，英国定义智能建筑为：可以为建筑的使用者营造一个最有效率的环境，同时有效地利用和管理资源，并将硬件和设施的寿命损耗最小化。我国《智能建筑设计标准》（GB 50314—2015）定义为：智能建筑必须具备建筑自动化、办公自动化和通信网络系统的设施平台，并同时拥有融合了建筑结构、系统、服务及管理的优化集成而为使用者提供高效、舒适、便利和安全的建筑环境。广义而言，智能建筑是一种综合应用，该应用以建筑物为应用场所，利用信息技术为建筑的使用者提供各种服务。今天，建筑智能化已经成为现代建筑能够安全、便捷、高效运行的重要前提。

那么"智慧建筑"一词又从何而来呢？

事实上，智慧建筑这一说法的出现不到十年，是伴随着第四次工业革命的到来才孕育而生的。这场工业革命以第五代移动通信技术（5G）、云计算、大数据、人工智能、物联网等技术为代表，给建筑智能化的发展赋予了新的生命力。这场革命意义深远，已在悄然改变着整个世界。我们先看看人类历史上曾经历的前三次工业革命。

第1章 智慧建筑的前世今生

- 第一次工业革命以 18 世纪中叶英国瓦特发明蒸汽机为代表，开创了以机器代替手工工具的时代，称为"蒸汽时代"。
- 第二次工业革命发生在 19 世纪末 20 世纪初，以德国西门子发明发电机为代表，带来了工业生产的高涨，标志着世界由"蒸汽时代"进入"电气时代"。
- 第三场工业革命起源于 20 世纪四五十年代的美国，当时美国在电子计算机、微电子技术、新材料、航空航天、分子生物学和遗传工程等领域取得重大突破，产生了一大批新型工业，第三产业迅速发展。其中最具划时代意义的是电子计算机的迅速发展和广泛运用，开辟了人类进入"信息时代"的新纪元。

如果说第一次工业革命的代名词是"机械化"，那么第二次工业革命的代名词就是"电气化"，第三次则是"信息化"，我们当前遇到的第四次工业革命无疑是"智慧化"，如图 1-1 所示。

图 1-1 四次工业革命

传统的智能建筑属于第三次工业革命信息化的范畴，而新时期的智慧建筑则象征着第四次工业革命在建筑行业的变革。它们之间的关系可以用图 1-2 来说明。

图 1-2 从信息化到智慧化

1.1.1 建筑信息化

我们日常所提的智能建筑的信息化，指的是智能建筑以建筑物为应用场所，利用信息技术向建筑的使用者提供各种服务。信息化是为线下的物理世界活动服务的，这种方式并不改变业务本身。例如，传统办公自动化（OA）系统是将线下的纸质法规、文件、流程全部线上化，用软件再实现一遍的过程，但最后一步还是需要打印出表单请领导进行手动或电子化的签字，最终审批还是以这个审批表为准的。这只是借助信息手段用物理世界的思维模式来完成流程。这一时期，流程是核心，软件系统是工具，数据只是软件系统运行过程中的副产物。尤为要紧的是，当线上线下发生冲突的时候，人们的第一反应还是以线下物理世界为主。信息化的过程如图 1-3 所示。

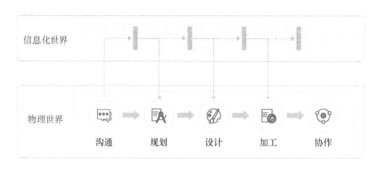

图 1-3　信息化的过程

图 1-3 中的折线箭头代表活动的顺序管理。矩阵代表具体的活动，矩阵的宽度意味着活动的复杂度。可以看到，信息化过程的活动环节大多还是在线下物理世界进行中的，信息化仅是辅助手段。

另外，以往的信息化主要以单个部门的应用为主，很少有跨部门的整合与集成，所以其价值主要体现在单个部门的效率提升。

1.1.2 建筑数字化

数字化不只是将物理世界重构到数字世界的技术实现过程，更是思维模式转变的过程。数字化的过程如图1-4所示。

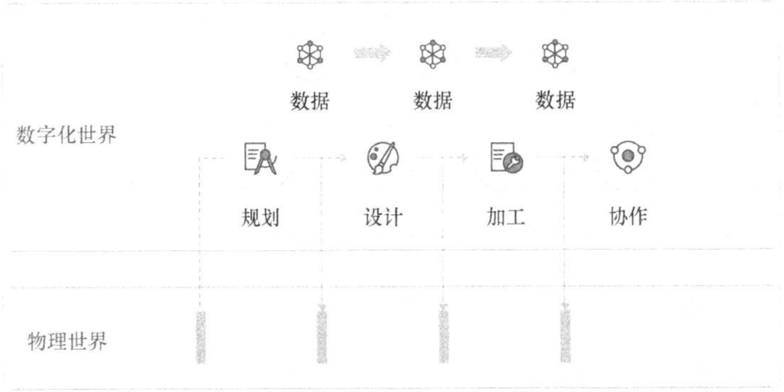

图1-4 数字化的过程

数字化和信息化完全不同，大部分的活动过程都发生在线上，常见的协作、设计、规划、加工等都通过数字化技术在数字化世界得以实现，这其实依托的是后面我们要介绍的数字孪生技术。数字化世界是核心，大部分活动和交互都在数字化世界进行，只有少量的决策指挥信息会回到物理世界指挥设备和机器完成操作。数据是物理世界在数字化世界的投影，是一切的基础，而流程以及软件系统则只是产生数据的过程和工具。传统物理世界是数字化世界的辅助和补充。

另外，既然数字化世界中的数据是一切的基础，就不存在现实物理世界系统间、部门间天然的重重障碍和壁垒，依托线上数据，整个业务流程就可以进行数字化的打通，破除部门墙、数据墙，实现跨部门的系统互通、数据互联，全线实现数据融合，为业务赋能和决策提供精准洞察。

1.1.3 建筑智慧化

建筑智慧化是建筑数字化在新时代的体现。基于5G网络、云计算、大数据、物联网和人工智能等新兴技术，人们不仅可以对企业的运作逻辑、管理经验进行数学建模、仿真优化，还能够结合"机器学习""专家系统"的过程，依据现实情况，反复学习、修正解决方案和运营模式，使数据变得更专业、更精准、更高效,反过来指导业务的运营。

如果说早期的数字化是一门泛数据的学科,一切源于数据,从数据中挖掘和洞察背后的含义,用以改进过程、加速决策,那么现在的智慧化则是专家知识与人工智能的结合,让数据的使用更有的放矢,形成高效的业务智能,从而让决策机制模型化,直接指挥执行单元,降低管理人员决策的工作难度,提高决策效率。同样,可用图1-5来说明智慧化的过程。

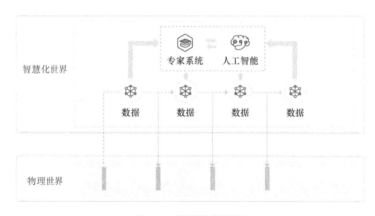

图1-5 智慧化的过程

智慧化的最大特点就是让数据成为专业知识和人工智能的核心驱动力,从而让数据的价值最大化。一方面,建筑行业脱胎于工业制造,脱离这个行业长期以来形成的研究基础而进行探索是不可取的,更重要的是行业本质性的认知积累可以让建筑更好地服务用户;另一方面,融合人工智能新技术又可以让建筑这一传统行业焕发出新的活力,不论是自主智能控制,还是数据智能挖掘分析,都加速了建筑数据闭环的效率。单个专家系统无法解决的问题,借助人工智能自组织能力以及自适应的驱动能力就可以解决。

此外,人工智能+专家知识的双轮驱动所带来的变革影响更为深远。它不仅意味着跨部门、跨产业链的系统互通、数据互联落地可行,更代表了一个以智慧化为目标的产业生态联盟的建立,行业专家和信息化顾问协同工作,让IT交付和运营技术(OT)统筹设计成为常态。这一切变化也赋予了行业和企业新能力、新机会、新运作方式和新的商业模式。

建筑智慧化的目标是让楼宇的每个使用者都生活得更美好，用智慧驱动每个场景，让楼宇更"懂"人，让楼宇的用户能最大限度地获取高质量的服务，享受便捷的体验，同时让整个空间环境更安全，更有生产力和创造力。

1.2 智慧建筑定义和分类

1.2.1 智慧建筑的行业定义

目前行业内对智慧建筑（Smart Building）的定义尚未形成统一标准，不过早在唐代我国就有了对建筑的基本要求，伟大的现实主义诗人杜甫曾经在诗中描述"安得广厦千万间，大庇天下寒士俱欢颜，风雨不动安如山"。建筑最基本的要求还是首先满足人们的居住功能，然后随着社会和科技的发展，再附加美观、舒适、耐用、方便等考量因素。现代的智慧建筑也如此，只不过它的智慧化更体现在每个功能的细微之处。虽然难以一概而论，不过智慧建筑的要点还是有迹可循的。

2017年，阿里巴巴集团在《阿里巴巴智慧建筑白皮书（2017）》中首次提到智慧建筑的概念，认为："智慧建筑应该是自学习、会思考，可以与人自然地沟通和交互，具有对各种场景的自适应能力，并且作为智慧城市的一部分，可以在更高的结构层次上实现高度互联。"不过阿里巴巴在从大数据和平台模式等角度研究智慧建筑，阐述了阿里眼中智慧建筑的概念和系统构架之后，对具体的实现并没有说明。

2019年，西门子在《西门子智慧建筑：追求完美自然（2019）》[*Siemens Smart Building: Strive for The Perfect Nature*(2019)]一书中提出：智慧建筑能通过不断互动学习和持续适应，为利益相关体的体验和成功做出积极贡献。

从"智能"到"智慧"，代表了从底层技术、应用上升到了产品理念、思维工作模式的逻辑维度层级的巨大变化。正因如此，这也充分体现了"智慧建筑"定义的难度。

首先，对于"智慧"本身的定义比较宽泛和抽象，在《现代汉语词典（第

7版)》中的解释是"辨析判断、发明创造的能力",在这里应理解是"聪明才智";梵语中"般若"是智慧的意译,指的是"超越世俗的认识,达到把握真理的能力",也有"辨析判断、发明创造的能力"等含义。

其次,建筑的"智慧"能力是不断发展的,将随着技术和理念的发展不断进化。所以"智慧建筑"的定义不能过于具体、落地,否则可能会导致定义适用的寿命太短;但也不能过于抽象、宽泛,这样难以具有实际的指导意义。

最后,对于"智慧"的期待产出或贡献,其中很多是相互制约和彼此矛盾的。例如,众多对于"智慧产业"的研究中都会涉及"以人为本"和"可持续发展"两个理念,但其实这两个理念是相互制约的,过度的"以人为本"必然影响到"可持续发展"的目标达成。所以,任何的单独考量都不是"智慧"的表现,而必须在一定程度上注意平衡,在一定条件和制约下形成最优解。

综合考虑上述因素,智慧建筑的形式无论如何变化,终要回归到"为人服务"的主要宗旨。智慧是一种技术手段,并不是目的,智慧是为了让建筑的使用更便捷、服务更人性化、管理更高效,从而让人不再去适应建筑,而是让建筑去适应人们的活动。

基于建筑的感知要适应人的活动和人对一系列相关建筑管理活动的认知,在此提出智慧建筑的顶层设计概念:建筑需要具备自我认知功能,以楼宇运营管理为核心,以客户体验为驱动,以人工智能、专家业务知识为大脑,以建筑内的人、设备、环境等要素为数据,建立起人与人、人与设备、设备与设备之间的智能互联,将建筑数据汇聚到统一的社交网络,并通过机器自我学习以及自我进化形成数据智能,服务于建筑使用者的开放生态系统。

1.2.2 智慧建筑的行业分类

建筑是一个产业链非常庞大的行业,上游包括钢铁、水泥、玻璃等相对较重的工程行业,下游涉及房地产企业、政府及其他产业的专业工程建设,所需设备涉及工程机械行业以及建筑业的运行,也需要得到金融机构的支持。建筑的种类和形态多种多样,划分的方法也有多套。

（1）按建筑的使用性质来分，建筑有民用建筑、工业建筑、农业建筑等几大类。其中民用建筑又分为居住建筑和公共建筑。公共建筑按用途又可细分为办公楼、商业综合楼、文化场馆、学校、体育场馆、医院、轨道建筑、工业建筑、住宅小区等。

（2）从建筑的时间维度来理解，智慧建筑涉及规划、设计、预制、施工、监理、运营、运维多个环节，牵涉多个不同专业、不同背景的人员协同工作。所以，传统的分类方法又有将建筑工程粗分为规划、设计、施工、运营四大阶段，如图 1-6 所示。不过现在的智慧建筑阶段的独立性逐渐被打破，强调规划、设计、施工、运营一体化的做法越来越被提倡，也就是在规划、设计期间就需要兼顾考虑施工、运营的需求，将整个建筑工程看成整合的项目来统筹，需要通盘考虑。

图 1-6　建筑工程四大阶段

（3）建筑行业属于第二产业，按国民经济活动的产品对象来划分，还可分为土木工程，线路、管道和设备安装，以及勘察设计三大类。

（4）智慧建筑按照服务模式，可分为五类，分别为创新型、创投型、媒体型、产业型和服务型，如图 1-7 所示。在这五类智慧建筑中，由企业主导的产业型智慧建筑因为和业务结合得最紧密，更具有高的商业落地可行性，也是当前行业重点探索的方向。

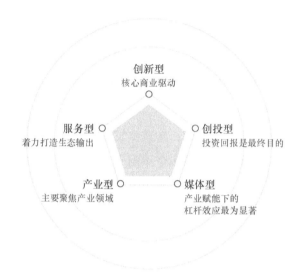

图 1-7　五类智慧建筑服务模式

1.3　智慧建筑的行业生态

现行的建筑业模式和专业隔阂，决定了从设计到施工各环节都会存在着衔接不当的问题。因误差或理解不一致造成的资源浪费和安全隐患频发，也出现了工地污染超标、企业管理混乱等种种棘手问题，这些都让建筑行业的升级转型迫在眉睫。

以数字化技术替代人力、用数据驱动代替过程驱动，整合各个专业及相关行业的经验知识，确保全周期的信息一致和畅通，实现信息互动和资源共享，是构建智慧建筑行业生态圈的共识。智慧建筑的本质并不只是一次简单的数字化转型，而是整个行业运行模式的优化与重塑，这并不是某一两个企业能包办解决的事，而是需要集合全体相关企业的智慧，群策群力，形成聚集效应，促进整个建筑行业之间的互联互通。

智慧建筑生态圈实现了建筑行业的整体升级，通过积极拥抱互联网新技术，围绕智慧建筑业务圈、信息圈、人才圈打造出生态联盟，构筑产业生态蓝图，带动各界共赢发展，如图 1-8 所示。

第1章 智慧建筑的前世今生

图1-8 智慧建筑生态圈

智慧建筑生态圈首先从构建良性的产业生态入手,再到管理模式的创新、建筑施工环境的改善、关注人才聚集和培养、创新技术应用能力提升等诸多方面,利用生态圈形成的聚集效应,让建筑行业之间形成数据资源价值共享的新模式,整合全产业链资源。与此同时,也能让传统建筑企业早日走出零散、局部的建设现状,进行全局性的统筹规划,让建筑行业向新的方向拓展,从而形成一种数字建筑产业的新生态。

第 2 章
智慧建筑的发展现状及趋势

建筑领域正在经历一场智慧化变革,建筑的物理世界与数字世界正在逐渐融合,建筑对人的想法与行为进行模拟、预判、感知和响应,通过对楼宇的精确控制来全面满足人的需求。未来的智慧建筑将具有自适应、自学习、自协调和自寻优的能力,实现环境随心而动,用户舒适高产的目标。

科技的进步成为智慧建筑方案加速成熟的催化剂。纵观地产行业,住宅市场增长见顶,房地产企业的资产运营能力愈发重要,价值创造模式从粗放式发展向精细化经营转型。在科技发展方面,数字化技术驱动房地产行业升级,以人工智能为代表的数字技术逐渐成熟,随之而来的智能化浪潮赋能传统业务向精准的商业模式转型。行业周期与技术趋势的演变推动房地产行业加速进入数字时代,智慧建筑成为转型的重要战场。

2.1 全球智慧建筑市场发展现状分析

根据国外调研机构 MarketsandMarkets 的研究成果,全球智能建筑市场规模预计将从 2019 年的 607 亿美元增长到 2024 年的 1058 亿美元,在预测期内的复合年增长率(CAGR)为 11.7%。

智能建筑的主要驱动因素包括采用支持物联网的建筑管理系统、空间利用率的提高以及行业标准和法规的不断完善。从解决方案来看，安全和紧急管理解决方案在整个智能建筑市场占据首位，其次是楼宇自动化控制。

从行业来看，预计在上述预测期内，工业建筑板块将以最快的速度增长，智能工业建筑解决方案可通过各种移动计算设备（如移动设备和计算机）实现建筑的温度控制，同时提高安全性和维护的自动化，从而实现更高效的资产管理。

从区域市场来看，在同一预测期内，北美将继续引领智能建筑市场。北美市场的增长主要在于该地区会最先使用最新的智能建筑解决方案，这些解决方案利用诸如物联网、大数据、云计算、数据分析、深度学习和人工智能等新技术来降低能源消耗，从而节省成本、减少运营支出、提高用户的居住舒适度，同时满足日益严格的全球法规和可持续性的要求标准。美国和加拿大是北美科技运用最典型的两个国家。美国正大力投资智能建筑领域，通过建筑自动化控制和建筑系统集成，实现建筑能源效率的提升，并力求提供更智能、更安全和更具可持续性的建筑；而加拿大也正在采取举措来兑现其早期的承诺——通过让联邦政府的建筑更节能，减少温室气体的排放，进而保护环境及其可再生资源。

从供应商来看，全球领先的智能建筑解决方案供应商有霍尼韦尔（美国）、江森自控（美国）、思科（美国）、日立（日本）、西门子（德国）、IBM（美国）、施耐德电气（法国）、英特尔（美国）、华为（中国）、ABB（瑞士）、L&T 技术服务（印度）、75F（美国）、特利特（瑞士）、PointGrab（以色列）、LogicLadder（印度）、Spacewell（比利时）、PTC（美国）、Avenet（美国）、Softdell（美国）、Spaceti（捷克）等。

2.1.1 行业发展现状

从 1984 年全世界的第一座智能建筑在美国出现以来，全世界都在大力发展智慧建筑，甚至将其视为国家经济发达程度的一个重要标志。智慧建筑的产生与发展有着其深刻且必然的经济、社会和技术背景，这是人类经济和文明发展到一定阶段的必然产物。

从全球来看，物联网（IoT）、5G、大数据等新一代信息技术和传统建筑相结合是大势所趋。而且 IT 软件所带来的收益将逐步成为新的市场机会，软件服务的比重将逐步超过硬件设备。IoT 在商用建筑上的市场分布图如图2-1所示。

图 2-1　IoT 在商用建筑上的市场分布图

相对于开发传统建筑，开发智能建筑的资本可能在早期会稍高，但智能建筑在整个生命周期的运营成本会更低，资本的投入产出效率［投入总额/（每年收益×投入时间）］也通常更短，即可以用更短的时间收回成本。根据美国绿色建筑委员会的说法，通过新技术的落地来获取能源和环境设计（LEED）认证的商业建筑，物业回报价值可相应增加 8.5%～25%，能为建筑业主创造更高的价值。

2.1.2　行业发展特征

智慧建筑是一个兼具边沿性和交叉性的学科，涉及计算机技术、自动控制技术、通信技术和建筑技术等多种技术，并且还会有越来越多的新技术在建筑中得到应用。也就是说，这是一个单一行业的企业很难完成的大型工程。想要进入智慧建筑市场，不仅在公司内部要拥有众多相关的产品专利，同时也要兼具非常高的技术集成水平，但兼备这几个素质的企业却少之又少。

从全球范围来看，目前的智慧建筑行业市场基本上被少数几个国际巨头所占据，巨头的市场地位非常稳固，只要没有大的偏差，市场的后进者基本上很难撼动其领先地位。而巨头们在不断进行技术创新的同时，也积极谋求合纵连横寻找盟友，整合各自的服务与客户资源，从而形成优势互补。巨头们通过抱团来实现资源共享，从而为客户提供更加全面优质的服务，进而实现共赢。用户从影响力、服务能力和可靠性这几个角度也更愿意选择巨头联盟的产品，这就造成马太效应中强者恒强的局面，智慧建筑的市场集中度越来越高。

另外，国外在技术标准规范的建立、专业人才储备培养方面也遥遥领先于国内，早已形成了相对成熟的体系制度和管理手段。不过由于建筑行业的复杂性，普遍存在以下几个问题。

- 智能化系统的调试过程繁复，周期长，质量不可控。
- 一堆子系统烟囱的现象依然存在，数据并没有从业务全局的角度实现完全彻底的互联互通，用集成代替了融合。
- 智能化系统投入使用后，运行出现软硬件故障的系统仍旧不少，零停机维修或者提前预测维护的能力还有待提高。
- 系统优化控制、群控等复杂控制逻辑由于多种原因导致使用效果并没有达到理想的预期。

2.1.3 行业发展前景

随着新技术的进一步发展和运用，智慧建筑的应用场景也会得到跨越式的发展，这会吸引更多的用户使用智慧建筑，而行业用户爆发式增长的需求又会极大丰富智慧建筑的应用场景。

智慧建筑产业链中原材料和供应链的成本受疫情的影响而进一步被推高，倒逼供应商需要进一步付出努力，整合、重组和升级产业源端，优化产业流程。此外，智慧建筑技术的更新迭代有利于产品升级和质量改进，进一步满足用户的新需求。这些变化都会正向促进整个产业进一步向前发展，经过多方的推动会使得智慧建筑应用得到爆发式增长。

2.2 国内智慧建筑行业发展概况

根据前瞻产业研究院的预测分析，2018 年我国智慧建筑行业总市场规模将达到 5500 亿元。其中，存量改造市场规模约为 2300 亿元，占比为 42%；而新建智慧建筑市场规模约为 3200 亿元，占比为 58%[①]。

智慧建筑行业在我国尚处于发展早期，未来随着行业市场的需求增长，以及生态的进一步完善，行业市场规模还会逐步扩张。一方面，持有型物业的加速布局使得资产运营的重要性得以提升，运用科技的力量来满足用户的个性化服务与体验需求成为运营的关键；另一方面，物联网带来了数字资产的积累，可借助其自身的体量优势，将不同产品线中产生的海量数据汇聚起来，为后续提升客户的服务质量与数据价值变现做准备。当然，智慧建筑短期内仍将以设备为中心，聚焦运营效率的提升；而长期将以人为中心，注重人的产能提升。

2.2.1 行业发展阶段

国内外智慧建筑的目标客户目前大多集中在特定行业或具有商业前景的企业，如医院、办公楼、机房、机场等，致力于为其提供成长初期匮乏的资源，以协助实现其商业价值的快速增长。但由于体制、经济与文化等方面的差异，国内外智慧建筑行业的探索方向和落地形式又有所不同。

借助 PEST 分析法，下面从四个维度分析我国智慧建筑行业当前的发展状况。

1. 政策因素

国内智慧建筑的发展受政府政策的影响，政策作为重要的驱动因素，推动着行业统一化进程的加快和精细化管理需求的增长，这使得建筑市场的需求有望迎来快速释放。

- 2017 年，住房和城乡建设部发布了《建筑业发展"十三五"规划》，到

---

① 前瞻产业研究院.2018—2024年中国智能建筑行业发展前景与投资战略规划分析报告[R].2018.

2020年城镇绿色建筑占新建建筑的比重要达到50%，装配式建筑面积占新建建筑面积的比例达到15%，各地也相应出台了地方政策，提高行业渗透率。

- 2019年智慧建筑行业成为政策红利的市场，国务院办公厅《关于全面推进城镇老旧小区改造工作的指导意见》系列报告指出，智慧建筑行业将会有利于提高民众生活质量。

2．经济因素

目前，国内经济持续稳定向好的趋势不变，随着人民生活水平的不断提高，对居住条件的改善需求将会大量释放，必将催动智慧建筑行业的热度持续，行业发展长期向好。随着居民人均可支配收入的同比持续增长，消费水平的提高将为智慧建筑行业市场需求释放提供经济基础。

3．社会因素

"90后""00后"等新生代人群，逐步成为智慧建筑行业的消费主力人群，他们对建筑的需求不同于以往的人群，更强调个性化、独立空间及个人隐私。而传统智慧建筑行业市场门槛低、缺乏统一的行业标准、服务过程没有专业监督等问题都制约了行业的发展。

4．技术因素

互联网技术与智慧建筑的结合，缩减了中间环节，能为用户提供高性价比的服务。人工智能、大数据、云计算、5G等科技赋能手段逐步从一线城市过渡到二三线甚至四线城市，实现了智慧建筑行业科技体验的普及化。同时，智慧建筑行业也引入传统的企业员工援助计划（EAP）、企业资源计划（ERP）等信息化系统，实现了信息管理在施工环节中的应用，从而提升了行业效率。

2.2.2 行业发展特点

当前，国内建筑行业的整体成熟度和国外同行相比，还有不小的差距，尤其在规范标准等基础工作和专业团队建设上更需要加紧追赶的步伐。另外，由于基础设施匮乏、技术积累不足及产业制度不规范等历史原因，导致国内的现代智慧建筑行业起步相对较晚。这些因素导致产品质量和服务不到位、行业供给不足、产业化程度较低等诸多问题，进而导致用户需求难以及时得到满足。整个行业迫切需要优化基础资源配置，提高产品技术、更新迭代能力，以提高产品及服务的质量，真正解决用户迫切需要解决的问题。

具体的问题表现如下。[①]

- 现阶段建筑智能化系统以国外或合资品牌为主，尤其楼宇自动化（BA）、照明控制等系统，国外品牌长期占据主流市场。
- 智能化系统投入使用后，运行一年出现软硬件故障的系统占比约为40%，能稳定运行5年以上的占比不到10%。
- 仅有约38%的暖通空调系统能够正常使用，50%的系统点位数据基本正确，系统平台的关键点位有缺失。
- 能远程控制启停的系统占30%~40%。
- 约50%的运维人员不了解智能化系统平台参数的意义，由于专业知识和认知水平参差不齐，造成智能化系统即使发生了故障也不能及时解决。

2.2.3 行业竞争格局

目前，我国智慧建筑领域主要有以独角兽为主的初创公司、上市公司和互联网巨头三大阵营。这三大阵营在智慧建筑相关行业中推出了一系列针对不同应用场景的智慧建筑产品，涵盖安防、金融、商业等各个行业领域的应用。

在不同的应用领域，智慧建筑的受众也是不一样的。从智慧建筑的技术应用角度来看，可以分为政府、企业和个人消费者。其中，政府一般希望在智能安防领域应用智慧建筑技术，这一领域的应用场景比较复杂，对准确性的要求相对较高；个人消费者的应用场景则复杂度较低，但对消费体验的要求较高；而企业相对而言则会综合平衡准确性与消费体验这两类需求。

国内智慧建筑创业公司的商业模式主要是面向B端企业客户提供基于软件

---

① 中国建筑科学研究院有限公司建筑环境与能源研究院.2021建筑智能化应用现状调研白皮书[R].2021.

的解决方案，同时满足其个性化需求。智慧建筑领域的大多数创业公司，早期都是从零开始接触这个产业的，大多数不能直接进入已相对成熟的硬件市场，而只能作为提供增值服务的供应商，在软件层面与硬件厂商进行合作。但随着智慧建筑技术得到突破，一批优质创业公司凭借领先的技术优势，率先对这块的商业模式进行探索和创新，开拓新兴应用市场。例如，依图科技一直深耕于安防、医疗、零售等领域的智慧化应用；商汤科技则侧重于金融、安防、酒店等其他创新的应用领域。

和智慧建筑有关的上市公司，大多数从做传统建筑工程起家，逐渐转型到用信息技术来增加智能化水平和服务价值产出，如新基点、中创立方、达实智能等。这类公司的商业模式，主要还是沿用工程建设的思路，用项目总包和子项目分包的方式，落实在其相对擅长的智能化工作范畴。但它相对来说难有突破性创新，其工作属于基础性工作，需要从业人员来交付实施以保障项目质量，属于不可或缺的工作范畴。

互联网巨头则是建筑这个领域炙手可热的生力军。这类公司大多是有技术背景的，试图通过技术来赋能改造传统建筑行业，它们关注用户，注重个性化需求，但相对缺少行业经验，而且专家信息的不对称也会造成互联网企业在智慧化项目上走不少弯路。不过用软件技术的方式去加持楼宇，还是会给这个行业注入新的生命力的，数字化建筑也是未来的行业趋势，这是毋庸置疑的，所以这类公司的机会胜在未来。

2.3 智慧建筑行业发展趋势

2.3.1 以人为本，柔性建筑

早期的很多智能化建筑，更多的是从建筑运维者的视角来观察和考量建筑设计以及管理模式的，这就造成对设施设备考量得相对充分，而忽视了用户人群的需求。这也是整个传统行业的共性，偏重硬性实体，较少重视人的因素。互联网给传统行业带来的变化之一，就是融入了更多对人的需求考量的维度。

建筑作为人类生活场所的重要部分，其本质属性是满足人的存在性，这是第一位需要考量的。任何建筑的营造活动都是人类与环境适应的过程，是人与自然共生的结果。所以广义上来讲，建筑的发展离不开人对当时生活的认知，这种认知还包含了人和建筑之间的审美关系。以往的智能化建筑，往往会显现见"物"不见"人"的弊端。因为人的活动和建筑的时空环境是相互依赖、相互协调的，而环境决定了建筑的形式，所以人类的建筑活动可以影响建筑形态。我们应该站在"人"和环境的角度来考量现代建筑的发展。

从建筑设计学来看，建筑作为一种文化的载体，不仅要满足人们居住使用的目的，还应拥有其特有的精神特质和设计哲学，用来传达设计师的设计理念。只有使建筑的外观、室内设计与建筑精神三个方面都具备"以人为本"的建筑理念，才能建造出人性化的建筑，才是有感染力和生命力的建筑。

建筑的建造活动发展到今天，已远远不止满足于遮风挡雨的简单功能，今天的建筑以建设施工为基础，还关联着与建筑相依存的文化、艺术与技术，是包含了人类智慧的积累与价值理想的复杂系统。建筑是基于人对客观世界的空间需求而发生的一种建设性改造活动，"人"和"客观世界"的双重关系便决定了建筑同时具有感性和理性的内涵。现在各地大兴土木建设，看似欣欣向荣，繁荣非凡，但论及这些建筑项目的真正价值，可能还存在不少问题。首先，有很多项目没有真正遵循"以人为本"的设计原则，建筑的外观设计大同小异（忽略地域差别）；其次，室内空间设计只满足了基本功能分区，并没有满足人们的内在的情感与心理需求；再次，部分项目忽略了建筑作为文化载体的重要性，一味地追求建设速度和新颖的样式，甚至一些建筑倡导所谓从文化底蕴出发的"概念"，但其建筑文化内涵着实肤浅。所以很多建筑充其量只是一个使用空间，离人性化的建筑还有很大的差距。

建筑的"以人为本"不仅体现在建筑的设计阶段，这个理念还应贯彻到施工、运营、运维等各个时期。至关重要的是在施工中能否更好地做到安全施工，同时又要保证施工的质量和把控施工的进度。当然做到以上亮点，一方面离不开施工制度和奖惩措施的落实，另一方面也可以借助技术手段，如利用人工智能、虚拟现实和机械手臂等现代化技术来实现人性化施工和绿色施工。同样的道理，运营也要以人为中心，不仅要帮助传统的建筑运营者更好地监管设施设备，还可借助新技术减少工人在危险场所出勤作业的频率。另外，用运营数据说话、通过数据来驱动运营、面向建筑的客户提供更好的增值服务都是以人为中心的核心要求。减少运维人员低效而重复性的工作，将其精力集中在处理重大故障问题上，从而提升故障处理效率、减少其劳动压力，也是以人为本的一种体现。

现在，社会上普遍倡导的柔性建筑，本质上也是指摆脱冰冷的硬件管理，而以服务客户的视角来提供各式各样的服务。随着用户侧和产品服务侧的需求快速释放，尤其是智慧建筑行业新科技的大量使用，以及智慧建筑数据流和信息流的双向互动不断加强，将会对行业运行和管理产生重大影响。为适应快速迭代用户需求，建筑的运营方需要从管理向服务过渡，丰富服务的内涵，拓展智慧建筑行业的服务领域和内容，促进智慧建筑行业服务效率的提升，实现可持续发展。

当建筑从内到外都真正做到为人服务时，才是柔性、有生命、有活力的建筑生命体。而且随着其所提供服务的不断丰富，建筑自身也在不断地生长，越来越健康且生命力越来越强，它与建筑内的用户人群共同生长、共同呼吸，共同创造美好的未来。

2.3.2 传统 OT 与新兴 IT 的融合

OT（Operation Technology，运营技术）原指制造行业中对控制系统的运营管理，也可以认为是一项操作技术，如工人操作一台机床就算是运营管理了。当然从宏观角度来讲，一条生产线也算是 OT，一个工厂的整体运营也是 OT。针对建筑行业，OT 是指基于传统自动化网络或工业实时以太网，对建筑内的设施设备进行管理。例如，建筑内消防常见的 Modbus RTU 总线网络、楼宇自动化控制（BA）系统用的 BACnet MSTP485 总线网，通过这些工业网络就可以操控建筑内的设备了。

OT 本身与硬件和软件都是密不可分的。而 IT（Information Technology，信息技术）则更具备软件的性质。IT 是基于信息网络通信的一系列信息化活动,即现在互联网化的基础。如图 2-2 所示,在工业控制系统中,操作层的数据采集与监视控制系统(SCADA)上层与制造执行管理(MES)系统进行通信,下层与可编程逻辑控制器(PLC)进行通信,建筑智能化系统一样存在着 IT 与 OT 交织融合的界面,这就是边缘服务。

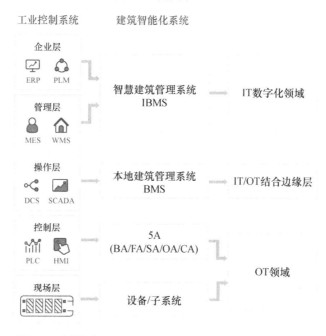

图 2-2 建筑智能化系统对照工业控制系统的 IT/OT 分界面

OT 连接设备,IT 连接用户和数据。随着工业化的不断推进,两者的相互融合成为一种趋势。传统意义上格格不入的这两类角色,彼此配合的频率也在逐渐增加,甚至合二为一,如传统 OT 行业的机械工程师与代表 IT 的信息架构师的融合,公司管理层面上的 COO(首席运营官)与 CIO(首席信息官)之间的融合等。更多 OT 系统层面的数据正在与 IT 系统进行交互,借助 IT 技术进行数据的流转和业务决策。

以前在建筑管理时,要去现场进行能源计量、采集和资产盘点,然后录入 OT 系统,安排巡检和备件更换都在各自的 OT 系统中使用 OT 数据来履行专门的职能。现在借助 OT 和上层 IT 的数据,建筑的管理者即可实时跟踪设备维护的历史记录、备件库存,编制维护计划,远程采集资产信息,并对能耗数据进行动态分析等。

当 OT 系统和 IT 系统独立运作时，效率并不很高；但当两个系统以数据和信息分析共享的形式在它们之间自由流动时，潜力就得到了释放，并可以快速、弹性地提供有效的判断决策，由此可以实现很多新的增值服务。

IT 和 OT 的技术融合可谓事半功倍，可以给新时代的建筑带来新的发展机遇和市场盈利空间。

2.3.3　上云化、服务化、数据驱动

建筑智慧化的发展路径可分为上云化、服务化和数据驱动三个阶段。

（1）上云化阶段，也叫云 IT，追求的是最大化地降低成本和提升效率。

通过云服务提供的弹性、安全、高效的 IT 基础设施，建筑的 IT 人员无须再担心服务器资源的可靠性和容量等因素。另外，数据上云，可以不受物理地域的限制，提供很多在线化、远程化的集中管理服务，这也是原来本地化系统不具备的，这可以大大提升建筑管理人员的生产效率。

（2）服务化阶段则是建筑本身的业务能力数字化的过程。

过去的建筑管理系统在搭建过程中往往是烟囱式的建设模式，楼宇自动化控制（BA）系统负责管控空调、照明和电梯等设备，消防自动化（FA）系统则管控火灾消防，而各子系统之间的信息无法互通。即使后面推动了建筑管理系统（BMS）和智慧建筑管理系统（IBMS）的诞生，这些传统模式也往往没有真正做好系统能力的共享，重复建设的现象依然严重，每个项目都需要重新来一遍从下到上的大集成。而服务化要做的就是将业务以共享服务化的方式进行改造，形成共享服务中心。有了这些共享服务中心以后，业务就能像能力积木一样，当需要新做一个业务时，只要把这些能力积木做拼接和组合即可，这样大幅提升了创新的速度，也降低了创新的成本。

（3）数据驱动阶段又分为业务数据化和数据业务化两个过程。

当建筑业务能力数字化以后，自身就会产生大量的数据，这些数据需要被

最大化地利用起来，才能对业务形成价值。这些数据经过沉淀和收集，通过表单和信息流转的方式进行存储，并将数字化的信息以指标的形式有条理、有结构地组织起来，再应用于业务流程的各个环节，协助解决相关的决策问题，这就是业务数据化。在数据整合的基础上，将数据进行产品化封装，并升级为新的业务板块，由专业团队按照产品化的方式进行商业化推广和运营。

数据业务化实际上是强调产品化、新业务和专业化运作，即以数据为主要内容和生产原料，打造数据产品，按照产品定义、研发、定价、包装和推广的套路进行商业化运作，把数据产品打造成能为企业创收的新兴业务。通过数据反哺业务，释放数据价值，完成数据价值的运营闭环。

前路漫漫，但未来可期。可以预见，从全面上云到共享服务化再到数据驱动的业务数据化、数据业务化，逐步探索并打造形成建筑业特色的数字化转型模式，是未来必然的发展方向。

2.3.4　产业链上下游的网络协同

建筑建设是一个产业链非常复杂的行业，上下游涉及的产业众多，包括勘察、规划、设计、施工、安装、装饰装修、改造维修等诸多环节。这里涉及多种学科领域，单独一个设计过程就牵涉到结构、环境、机械、电子工程、暖通、给排水等多个领域，所以跨学科、跨专业的情况尤为明显。

从收到客户的最终需求，到把设计方案分配给施工单位，在不同阶段还会有许多其他部门和单位参与其中，这里包括业主、设计单位、施工承包单位、监理公司、供应商等，设计的方案不仅要在内部还要在不同企业之间流转。如何保证信息的透明和一致性，还涉及多部门、多企业的协同问题，确保各部门单位的参与者对项目的理解统一在一个频道上。

另外，建筑智能化行业还涉及更多系统的深度集成，包括现有管理软件系统的集成，如办公系统、辅助设计数据库；还融合了很多新技术，如 Lora 无线智能设备、无线传感器、人工智能设备等。

所以，针对上述问题，需要从流程上做到协同化、在线化、统筹化管理，

第 2 章 智慧建筑的发展现状及趋势

实现施工过程需要更智能化、运营过程的指标化以及运维过程的洞察化。

数据的价值会在协同共享中得到提升,而提升的数据价值又在很大程度上取决于数据被共享、被开放的范围。举例来说,建筑运营的数据如果仅停留在统计报表上,那么这些数据产生的价值就只是作为能耗的统计结果供运营方了解建筑的耗能情况。如果这些数据可以和运维环节的数据进行实时共享,就可以获悉哪些设备发生过故障,进而可能影响能源的异常消耗,运营方就可以预先对全业务链上的能耗环节进行优化调整,并降低能耗成本,进而带来直接的经济收益。图 2-3 所示是业务链协同贯穿带来的商业价值提升。

图 2-3 业务链协同贯穿带来的商业价值提升

而且,当建筑产业链上的全要素信息协同做得足够好之后,还可以实现更大范围的业务协同甚至产业协同。这带来的价值往往远大于内部共享协同所产生的价值。通过数据的采集、汇聚和分析,优化建筑行业全要素的资源配置,促进全产业链协同发展,让越来越多的上下游企业和生态伙伴都参与这一智慧化的进程,这就需要平台化的架构模式。例如,打造智慧建筑行业服务平台,这一平台不是单纯地做设备控制和输出,而是要借助技术手段搭建基础的在线平台,通过规则引导企业产出优质的内容和服务,激活企业间的交流和合作,挖掘更多产业链上的需求,从而有针对性地提供配套服务并引导资源有效地配置。

跨部门、跨产业链的系统互通、数据互联,代表了一个以智慧化为目标的产业生态联盟。在联盟内部,行业专家与信息化顾问协同工作,IT 交付与 OT 运营进行统筹设计。这一系列的变化同时也会给行业、企业带来新能力、新机会、新的运作方式和新的商业模式。

2.3.5 用户个性化与能力复用化相结合

过去 20 年的建筑行业，基本属于"数量满足"的阶段，人们追求建筑的目标是"从无到有"，需求较为单一化，建筑的相似度也高。但随着经济的不断发展和消费者购买力的增强，人们的目标就逐步演变为"从有到优"，不再单纯追求建筑数量，而是增加了对于建筑品质的要求，需求的精细度也逐渐提升。

以"90 后""00 后"为代表的数字原生代逐渐成为社会关系体系中的重要成员，伴随着移动互联网时代的发展，数字原生代习惯于通过互联网进行及时性信息的有效获取，对产品和服务的数字化特征需求正在大幅提升。此外，数字原生代还具有注重个体体验与个性化差异的新时代价值观，标准化的产品和方案难以满足他们差异化的需求，更加细致入微的个性化服务逐渐成为常态需求。

随着技术持续升级和应用场景不断丰富，使得用户需求的复杂化和多样化持续升级，这也导致"一人千面"的用户诉求被提上日程。楼宇内的全智慧场景一样需要满足用户"一人千面"的个性化需求。

建筑产品面对的企业客户，比普通 C 端用户更加复杂，他们的组织结构各不相同，经营方式各不相同，所产生的需求也各不相同。如果想设计出一个既高度抽象又相对通用的系统，用于满足各种的差异化的需求，则这样的系统往往会非常复杂，使用成本也会居高不下；而针对不同的需求开发不同的产品分支，又往往会带来维护上的困扰，尤其是不同分支的差异越来越大，最终将难以对产品进行维护。所以平台能力复用的模式是一个好的选择，既能保证最大的通用性，又能保持足够的灵活度。

通过平台能力复用，可以实现以下几个目标。

- 能够更快地满足需求，提升客户满意度，带来良好的口碑和更多的新客户。

- 产品的可复制性更强，不再依赖于人，而是依赖于产品和技术。

- 工作更有技术含量，单位价值更大，不再是简单的重复劳动，员工工作的成就感也会得到提升。
- 通过平台化，将产品和技术提升到一个新的高度，站在更高的维度与同行参与竞争。

能力复用平台化需要对所有的业务进行抽象和封装，形成可以复用和重新组装的基本业务单元，具体工作包括以下三个方面。

- 搭建基于业务抽象的强大中后台系统，实现逻辑复用，让业务开发像搭积木一样简单，降低独立开发的成本，减少分裂问题出现。
- 搭建业务开放编程系统，能够以低代码和非代码的形式，用非侵入式的方式修改系统，实现个性化流程与需求。
- 搭建自动化业务建模与设计系统，实现零编写代码，实现一部分个性化的业务流程。

这三个方面层层递进，在应用得当的条件下，每递进一层，所产生的价值就有所增加。

技术的本质是组合演进，系统是由多个基本单元连接组合而成的，如同人体可以拆分成细胞一样，功能复杂的产品也可以拆成一个个独立的功能单元，而这些独立的功能单元又可以再次重组成其他物体和产品。

如果把系统看作一个由多个基础元素连接而成的，有层级、有结构的功能导向的整体，那么就不难发现：宏观尺度下的不同事物表现出来的差异（个性化）在微观尺度下就会形成统一、通用的小单元（标准复用化）。请注意，标准化虽然意味着基本单元的统一和通用，但并没有否认多样性，多样性本质上是因为基础元素在空间上的分布不均匀和在时间上的不连续，而导致其在空间和时间上一直处于动态变化中。

标准复用化和个性化没有明确的分界线，关键在于从不同的维度去理解事物之间的共性与差异，从标准复用的维度看到的都是排列整齐、分类规范、容易理解的元素，换个维度则可能彼此参差不齐，甚至杂乱无章。

具体到智慧建筑的应用，本质上就是中台的设计理念。如图 2-4 所示，特有领域代表的是个性化的差异性，中台领域则代表能力复用层面，两者之间的比例是随前台的业务差异性不同而变化的。在有些场景下，中台领域可以做得非常充裕，充裕到前台就剩一个前端应用（App、小程序、PC 工作站等）；而在有些场景下，中台可能就只做有限的抽象。但不管如何，用户的个性化和能力的复用性借助中台模式得到了共存。

图 2-4 中台的设计理念

数字技术将推动全社会的可持续发展，成为经济增长的新动能，并将助力未来城市化建设，驱动未来行业的数字化转型，赋能于未来企业的商业创新，全面提升每一个人的获得感、认同感、幸福感。

每一个建筑都需要确立全场景的智慧愿景，利用数字技术的持续迭代，跟上智慧社会前进的脚步。未来是一个以数据驱动为基础，实现智慧赋能的新时代，每一个建筑都将是数字原生组织，或者是数字再生和转型的组织，智能被将嵌入到每一个应用场景，改变我们的生产方式、交互方式和生活方式。城市、行业、企业是社会中的主要组织形态，建筑组织延伸的内涵、功能结构、运作机理、边界范围都将被数字技术重新定义。

2.4 行业面临的机遇和挑战

我国的智慧建筑市场充满无限机遇，同时也面临诸多挑战。

2.4.1 机遇

面对智慧建筑这个广阔的未来市场,我们在产业政策、城镇化需求、技术水平、上下游市场、行业转型发展规律上都有不少新机会。

1. 产业政策支持

智慧建筑作为智慧城市的主体,在新城市建设中发挥着举足轻重的作用。国家"新基建"的城市发展战略无疑会助推建筑行业的升级转型。与此同时,国家也颁布了一系列与智慧建筑相关的政策。

2020年7月,住房和城乡建设部、国家发展改革委等13个部门联合下发《关于推动智能建造与建筑工业化协同发展的指导意见》,提出:"大力发展建筑工业化为载体,以数字化、智能化升级为动力,创新突破相关核心技术,加大智能建造在工程建设各环节应用,形成涵盖科研、设计、生产加工、施工装配、运营等全产业链融合一体的智能建造产业体系,提升工程质量安全、效益和品质,有效拉动内需,培育国民经济新的增长点。"除此以外,鼓励和健全智慧建筑发展的政策也相继出台。我国智慧建筑相关政策见表2-1。

表2-1 我国智慧建筑相关政策

发布时间	政策名称	政策内容
2000年7月	《智能建筑设计标准》	智能建筑设计标准国家标准公布
2013年8月	《关于促进信息消费扩大内需的若干意见》	支持公用设备设施的智能化改造升级,加快实施智能电网、智能交通、智能水务、智慧国土、智慧物流等工程
2014年3月	《国家新型城镇化规划(2014—2020年)》	实施绿色建筑行动计划,完善绿色建筑标准及认证体系、扩大强制执行范围,加快既有建筑节能改造,大力发展绿色建材,强力推进建筑工业化
2014年8月	《关于促进智慧城市健康发展的指导意见》	推动城市公用设施、建筑等智能化改造,完善建筑数据库、房屋管理等信息系统和服务平台
2016年2月	《关于进一步加强城市规划建设管理工作的若干意见》	按照"适用、经济、绿色、美观"的建筑方针,突出建筑使用功能以及节能、节水、节地、节材和环保,防止片面追求建筑外观形象
2016年8月	《住房城乡建设事业"十三五"规划纲要》	到2020年,城镇新建建筑中绿色建筑推广比例超过50%,绿色建材比例超过40%,新建建筑执行标准能效要求比"十二五"期末提高20%

(续表)

发布时间	政策名称	政策内容
2016年12月	《"十三五"国家信息化规划》	加快信息化和生态文明建设深度融合，利用新一代信息技术，促进产业链接循环化、生产过程清洁化、资源利用高效化、能源消耗清洁化、废物回收网络化
2017年3月	《"十三五"装配式建筑行动方案》	积极推进绿色建材在装配式建筑中应用，到2020年绿色建材在装配式建筑中的应用比例达到50%以上；装配式建筑要与绿色建筑、超低能耗建筑等相结合，鼓励建设综合示范工程。装配式建筑要全面执行绿色建筑标准，并在绿色建筑评价中逐步加大装配式建筑的权重
2017年5月	《建筑业发展"十三五"规划》	到2020年，城镇绿色建筑占新建建筑比重达到50%，新开工全装修成品住宅面积达30%，绿色建材应用比例达到40%
2017年7月	《新一代人工智能发展规划》	加强人工智能技术与家居建筑系统的融合应用，提升建筑设备及家居产品的智能化水平。构建城市智能化基础设施，发展智能建筑，推动地下管廊等市政基础设施智能化改造升级
2017年8月	《住房城乡建设科技创新"十三五"专项规划》	重点突破建筑节能与绿色建筑的关键核心技术攻关和集成，推广应用一批新技术、新工艺、新材料，整体提升住房城乡建设技术水平，大幅提升科技进步对行业发展的贡献率
2017年10月	《建筑智能化系统运行维护技术规范》	通过建立建筑智能化系统的运行维护体系，明确运行维护工作范围、组织架构、管理制度、运行维护流程，规范建筑的运行维护工作，提高建筑系统的运行效率和管理质量
2017年12月	《促进新一代人工智能产业发展三年行动计划（2018—2020）》	支持智能传感、物联网、机器学习等技术在智能家居产品中的应用，提升家电、智能网络设备、水电气仪表等产品的智能化水平、实用性和安全性，发展智能安防、智能家具、智能照明、智能洁具等产品，建设一批智能家居测试评价、示范应用项目并推广
2019年2月	《住宅项目规范（征求意见稿）》	城镇新建住宅全装修交付，即所有功能空间的固定面全部铺装或粉刷完成，给水排水、供暖、通风和空调、燃气、照明供电等系统基本安装到位，厨房和卫生间的基本设备全部安装完毕，达到基本使用标准

2. 新型城镇化发展的需求，加大智慧建筑建设

我国的人口总数还在不断增长，且城镇化比率也在不断提升，这导致城市人口将会越来越密集。据英国皇家建筑师学会统计，居民平均每天有20小时是在商业建筑或住宅内度过的，居民对于居住环境的规划、建设、管理及服务理念不断加强，城镇化的进程必然会刺激智慧建筑的需求爆发。

此外，我国正处于产业结构的转型期，各类基础设施仍处于投资的高峰期，推动了建筑智能行业的发展。

3．行业技术水平不断进步

物联网、人工智能、云计算等先进技术与基础设施的持续深度融合，助推着建筑领域的升级与转型。

2011年以来，国内外经济环境复杂多变，投资增速趋缓，房地产市场的需求受到冲击而导致疲软，由此房地产企业开始重视给客户提供一个良好的综合环境。在这种环境下，大批房地产企业通过提升智能化配套服务，增加软性竞争力，客观上也直接推动了智慧建筑行业水平的不断发展。

4．下游需求市场前景广阔，对运营维护提出更高要求

由于前期的基础设施匮乏、技术经验积累不足、产业制度不规范等历史原因，导致国内的智慧建筑行业起步比国外同行晚。因此导致了产品的质量和服务不到位、行业供给不足、产业化程度较低等诸多问题。行业亟须解决用户迫切需要和痛点，这也反映了下游市场的前景广阔，如何更好地服务运营维护客户，是未来的发展机会。

以往的智慧建筑的盈利模式单一，行业感到很迷茫，找不到发展方向，从业人员虽然非常努力，却得不到应有的回报，让很多人一度失去了坚持下去的信心。现在随着智慧建筑产业与关联产业的融合发展，将对推动智慧建筑自身产业的发展发挥巨大的作用，将会使智慧建筑产业找到新的盈利点，建立新的智慧建筑产业发展盈利模式和发展模式。

5．行业发展规律、企业转型升级的需要

智慧建筑发展的一个新趋势是将智慧与生态融合成为新标准和新亮点。这种趋势可以从三个层面上来解读：一是客户层面的要求，客户对智慧楼宇的要求越来越高，对楼宇所承载的服务要求越来越精细；二是政府层面的管理目标，起初只是为企业做好行业铺垫即可，但随着行业的高速发展，除了高品质的基础设施载体，还需要对行业规范、行业前景及行业趋势等方面有明确的方向指导，对管理的要求不断提高；三是投资人层面的期望值，低端技术的产品

价值现在很难提高,所以很多企业都在进行"腾笼换鸟",通过产业升级来提升产品品质,从而提升产品价值。因此,智慧建筑企业需要不断地提高自身的创新能力,突破行业瓶颈,实现高质量发展。

"双碳"目标的提出,为智慧建筑的产业发展带来了新的机遇,也带来了更多的创新和合作可能,借助数字化技术让建筑这个传统行业转型升级,焕发出新的活力,打造产业升级转型的新典范。

2.4.2 挑战

1. 政策体系不健全

国内智慧建筑在体制、政策、法规、考核体系及执法监管方面都有待进一步完善。例如,在很多城市虽然也有地方上的区域标准,但智慧建筑的国家级行业标准、行业规范、行业制度都尚未出台,产品和技术的操作准则也没有明确的指导,行业的规范性就成了一句空谈。另外,有利于智慧建筑的价格、财税、金融等经济政策也尚待完善,因为基于市场的激励和约束机制不健全,导致企业自身缺乏推动智慧建筑行业发展的内生动力。

2. 管理效率低

建筑管理的运营需要的不仅是管理经验,还需要具备一定的专业技术技能。如果对管理人员的专业培训不到位,就难以让系统发挥出预期的效果,影响系统发挥舒适、便捷、高效、节能等作用。这种管理效率低下的表现如下。

一是缺少管理规范和指标。虽然现在的很多智慧建筑项目可以提供软件系统平台给运营团队使用,不过相关的管理工作还是粗放式的,很多产业流程都还是线下通过表格来管理的,这种相对传统的管理方式不仅效率低下,而且容易出错,也会造成人工成本的浪费。另外,还常常缺少最基本的在线协同管理工具,这直接导致运营成本偏高且效率低下。

二是运营团队欠缺,管理经验不足。传统的智慧建筑行业运营方,主要靠行业增量红利去获取利润,如一味地开拓增量市场、招商招租等,对既有运营的工作重视程度不够,缺少在现有资源的基础上把服务运营做好做精的勇气,用服务来吸引用户，让用户为服务买单。盘活现有项目资产的运营能力缺失，也导致无法招聘到高质量的运营团队，因为无法像大部分互联网公司那样以高薪去吸引优秀的运营人员，本身重资产轻运营的模式也决定了智慧建筑行业在"互联网+"时代发展得相对缓慢。

3. 盈利点单一

现在的智慧建筑行业盈利模式无外乎是产品和服务带来的增值费用，盈利点还是停留在行业本身层面，要想拓展新的盈利点，就必须转变思路，打造更多新的业务场景。

智慧建筑运营方需要突破"信息展示"的思维逻辑，认知到智慧建筑本质上是汇聚宏观服务的行业数据，围绕智慧建筑行业的不同用户人群进行打造，全面感知用户的需求，并通过 PC、App、小程序等不同的终端为用户提供全方位的服务。

但当前一些楼宇管理系统却华而不实，实用性偏低。新建建筑的开发商并没有真正站在用户的角度去思考问题，就盲目地将其应用到建筑中，并未像西门子、江森自控等深谙市场需求的国际品牌一样，可以做到在每个环节的设计上都深入洞察客户的需求。

4. 区域发展不均衡

智慧建筑在我国的发展不均衡，在地域分布上，我国智慧建筑的建设已经初步呈现集群化分布，且由东部沿海地区向内陆地区渗透的特征。华北、华东、华南地区的建筑智能化建设水平领先于全国平均水平。调查显示，华北地区智慧建筑占比超 30%，华东和华南地区占比均超 20%。

智慧建筑群主要分布在东部严寒和南方发达地区，中西部的建筑领域涉及智能化的项目还不多，但是中西部地区的智慧建筑发展增速要超过东部。各地打造的智慧建筑水平参差不齐，建筑质量有好有坏。总体来说，一般东部的发达地区的智慧建筑相对来说会更加成熟一些，但目前的中西部智慧建筑发展势头也十分强劲。

从整个布局来看，已经形成"东部沿海集聚、中部沿江联动、西部特色发展"的空间格局。环渤海、长三角和珠三角地区以其雄厚的工业园区作为基础,成为全国智慧建筑建设的三大集聚区;中部沿江地区借助沿江城市群的联动发展势头,大力开发智慧建筑建设;广大西部地区依据各自的建设特色,也正在加紧智慧建筑的建设。

5. 民族品牌占有率低

建筑智能化是从工业自动化发展而来的,早期智能化产品主要为国外或合资品牌,霍尼韦尔、施耐德、江森自控、西门子、LOYTEC 等国际品牌来到我国后,便迅速抢占了国内近 70%的智能化建筑市场。国内自主研发的楼宇自动化控制系统在技术研发和实用设计上落后于国际品牌,要想在国内市场竞争中取得长足发展,还有很长的路要走。这集中表现在系统研发能力欠缺,核心零部件性能偏低等多个方面,大多数国内企业还是局限于相关硬件的销售上,在楼宇控制系统的整体研发上和国际品牌存在相当大的差距。

| 第 3 章 |

新时期智慧建筑的数字化基础设施

　　智慧建筑以新型数字化基础设施作为其核心技术支撑。这些基础设施包括人工智能（AI）/机器学习（ML）、建筑信息模型（BIM）、云计算（Cloud Computing）、物联网（IoT）、大数据（Big Data）、5G 及边缘计算、地理信息系统（GIS）、数字孪生（Digital Twins）技术等。单纯依靠某一种技术是无法把传统建筑改造成为智慧建筑的，而需要这些支撑技术的有机融合、相互赋能，在建筑载体上实现综合应用，才能发挥出最大的效用。

3.1　人工智能/机器学习

3.1.1　人工智能/机器学习介绍

　　1956 年，美国数学家约翰·麦卡锡（John McCarthy）提出了人工智能的概念，即"把人脑作为机器逻辑的模型"。人工智能是用于描述机器如何模仿人类认知功能（如解决问题，模式识别和学习）的集合术语。机器学习属于人工智能领域，所以机器学习是人工智能的一个子集，使用统计技术使计算机系统能够从数据中"学习"，而无须明确编程。当机器接触到越多的数据以后，便会更好地理解和提供洞察力。

20世纪80年代初,人工智能研究取得了两个重要的突破:专家系统和推理引擎。

专家系统是一个具有大量的专门知识与经验的程序系统,它应用计算机技术,根据某领域的一个或多个专家提供的知识和经验,进行推理和判断,模拟人类专家的决策过程,以便解决那些需要人类专家处理的复杂问题。简而言之,专家系统是一种模拟人类专家解决领域问题的计算机程序系统。

推理引擎是将逻辑规则应用于知识库以推断新信息的一个系统组件。知识库存储的是关于世界的事实。推理引擎将逻辑规则应用到知识库中,便可以推导出新的知识。

这两者是以预定规则或逻辑模块的方式来试图让流程转化成机器可理解的指令,然后驱动机器按照这些指令解决相关问题的,并不适应数据变化的真正学习系统。预定规则必须随着时间的推移不断修改,专家系统的维护成本很高。

20世纪90年代初,一种新模型的出现揭示了人工智能具有潜力的第二个领域:神经网络和机器学习。机器学习是人工智能的核心,是使用统计知识使计算机具有智能的根本途径,其应用遍及人工智能的各个领域,它主要使用的是归纳与综合,而非演绎与分析。神经网络在设计之初就是模仿人脑的处理方式,希望其可以模拟人脑的思维逻辑运行。它使用复杂的数学方法,利用大量样本数据进行学习并做出推断,摒弃了机器学习中大量特征建模的过程。人工智能、机器学习、神经网络三者的关系如图3-1所示。

图3-1 人工智能、机器学习、神经网络三者的关系

3.1.2 人工智能在建筑上的价值体现

人工智能在建筑领域中的运用虽仍处于起步阶段，却非常有前景，可以渗透到建筑行业的多个维度。

（1）设计规划阶段，将人工智能应用于建筑平面图的分析与生成。如基于嵌入式生成对抗神经网络，训练人工智能来绘制真实的建筑平面图，将人工智能从一种分析工具变成了一种生成工具。事实上，在建筑中，图像已经成为绘制和设计城市建筑的核心方式，人工智能承担起了建筑设计实践中的基本媒介——图像创造，并衡量其复杂性。

（2）施工阶段，使用人工智能协助创建施工计划、管理项目，甚至可以帮忙完成体力工作。几个主要领域包括：施工规划、人员管理、现场施工、后期使用。如施工规划，通过实施人工智能机器勘测建筑工地的现场，收集足够的信息，创建 3D 规划辅助地图。现场施工，通过人工智能语音助手，做各种材料测试、清单和设备检查，实时实地监测性能和质量，记录安全隐患，彻底解放双手。地产建筑公司碧桂园已经使用建筑机器人替代建筑工人，这可以大大降低现场施工人员的需求量。

（3）运营阶段，目前这也是很多人工智能公司突显自己实力的方面。通过人工智能安防让建筑园区更安全，外部威胁更低；实时计算建筑内的能源消耗情况，并结合人工智能平台做历史趋势分析，达到综合的节能优化效果；通过人工智能进行智能分析形成建筑内的用户画像，为其提供精准的个性化服务。

（4）在运维阶段人工智能运营也很有大的空间。基于设施设备的使用信息，通过人工智能进行早期的预测诊断，有利于运维人员在不干扰正常施工的前提下实现 7 天×24 小时全天候监控，提早进行维修保养或更换，保障设备长期稳定运行，降低系统出故障的概率；在危险作业环境中，用人工智能机器人取代人工作业，可实现对整个运维过程的远程管理，降低人为风险；基于人工智能的实时自动化巡检工作，减轻人工巡检的压力。

对于建筑内的普通用户，人工智能可以识别进入建筑的人员身份，评估对应的权限信息，选择配套楼层，并调整办公室的温度、照明、窗帘和音乐偏好。人工智能甚至可以识别用户的咖啡偏好，并且在大堂咖啡厅做好准备。在用户到达建筑之前，人工智能也一直不间断的监测建筑的空气质量，以确保空气新鲜，通过紫外线消毒，保障安全健康的室内环境。

随着 2020 年以来新冠肺炎疫情的爆发，更是加速了人工智能技术的变革，让人工智能无线感知管理模式成为日常需求。红外热感测温、人工智能敏感人群诊断、无接触电梯、人工智能视频巡场等新技术大量亮相，通过全时侦测待检测事项，分析、挖掘前端视频图像数据，提供人员、环境、设备等安全风险事件的识别和报警服务，有效节约人力成本，弥补了技术监管中的缺陷，实现对人、机、料、法、环的全方位实时监控，满足不同应用场景的人员安全和财产安全的管理需要。

由此可见，人工智能将在未来的应用场景中无处不在。但也要看到，人工智能由于前几年的过快发展，现在的发展增速在明显放缓。2019 年、2020 年全球每年新增人工智能企业数量已不足 100 家，且投融资的轮次后移趋势在不断扩大，同时，有的曾获大笔融资的知名创新企业由于预期过高、虚假宣传等原因纷纷退出产业舞台。资本早期对人工智能产业回报周期过于乐观是现在人工智能行业出现不被投资者看好的一大原因。移动互联网在进入工程行业，尝试数字化赋能转型期间，资本预期取得成效的时间一般设定为二到四年；而与之相比，若人工智能与传统行业核心业务深度融合，则需更高的技术准确率和更深刻的行业理解力。因此，人工智能在建筑产业的孕育时间往往要更长。

从技术基础理论的突破到工程化落地应用，既有的技术红利已为产业发展奠定坚实基础。当前，虽然资本市场的泡沫逐步破裂，但产业规模化应用的突破已现曙光。总体来看，人工智能产业正处于 S 曲线中快速发展的临界位置，如图 3-2 所示。

从发展阶段来看，人工智能可以分为感知时代、感知增强时代和认知时代三个阶段。最早的感知时代，人工智能作为人类感知的替代或延伸。当前业内不断拓展深度学习来解决问题的边界，推动着人工智能进入感知增强时代。这一阶段的新算法聚焦提升数据的质量和规模，通过迁移其他领域训练成果，或自主生成，或依托知识图谱常识关系，或利用多源数据等方式，侧面弥补深度

第3章 新时期智慧建筑的数字化基础设施

学习的局限性。深度强化学习、多模态学习等多元化的学习方式正受到产业热捧，深度学习技术与知识工程、传统机器学习等分支的结合成为学界探索的热点新方向。认知时代则不仅将人工智能和知识工程结合，更体现在只需要少量的数据训练，弱化人为干预就可以达到自学习的效果，进而将其应用下沉到解决具体行业的模型推理问题上。当前人工智能所处的阶段如图 3-3 所示。

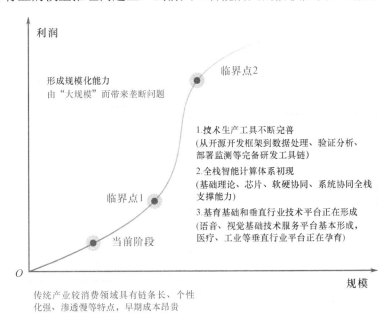

图 3-2 人工智能产业发展 S 曲线

图 3-3 当前人工智能所处的阶段

世界上约有 7%的劳动力从事建筑业，因此建筑业是世界经济的重要组成部分。全球的个人和企业每年在建筑相关活动上的花费为 10 万亿美元[①]。其他行业纷纷在使用人工智能和其他技术来改变其生产力绩效。相比之下，建筑业在这块的尝试还像冰川融化一样的缓慢。

在过去的几十年里，全球建筑业每年仅增长 1%，而制造业的增长率为 3.6%，全球经济的增长率为 2.8%。相比之下，自 1945 年以来，零售业、制造业和农业的生产率增速高达 1500%，建筑业的生产率或每个工人的总经济产出几乎保持不变。其中一个重要的原因就是，建筑业是世界上数字化程度最低的行业之一，采用新技术的速度非常慢[①]。

新技术的使用最开始对团队来说可能都是艰巨的任务。但机器学习和人工智能正在逐步协助提高作业现场的效率，借以节约资金，而且在此过程中也渐渐出现了对其他行业产生深刻影响的人工智能解决方案，所以道路虽曲折，但未来是光明的。

3.2 建筑信息模型

3.2.1 建筑信息模型介绍

建筑信息模型（BIM）表示在建设工程及设施的规划、设计、施工和运营阶段全生命周期创建和管理建筑信息的过程，全过程应用三维、实时、动态的模型涵盖了几何信息、空间信息、地理信息、各种建筑组件的性质信息及工料信息。BIM 全过程管理图如图 3-4 所示。

组成 BIM 的三个字母代表了丰富的含义，具体如下。

- B 代表 Building，不是狭义上的房子，而是指代建筑的一部分或整个建筑工程。

- I 代表 Information，分为几何信息和非几何信息。几何信息是指建筑里

---

① 麦肯锡. 建设的下一个常态：破坏如何重塑世界上最大的生态系统. 2020.

可测量的信息,如墙体的长、宽、高,构件的形状,以及物体的空间约束关系等;非几何信息则包括时间、造价、物理材质、生产厂商、性能参数、施工方式等相关信息。

图 3-4　BIM 全过程管理图

- M 的分类说法则较多,可以指代模型(Model),是建筑设施物理和功能特性的数字表达,这是个静态词语;也可以认为是模型化(Modeling)这个行为,这是动态词语,指在模型基础上,动态应用模型帮助设计、建造、运营等阶段提升工作效率,降低成本;还可以指代为管理(Management),指的是在模型化基础上,多维度、多参与方信息的协同管理。

所以,从上面的解释定义来看,BIM 代表一个创建和管理项目中所有信息的协同过程,包括项目流程中各项数据和信息的共享与协作,BIM 对项目全生命周期的每个阶段,甚至在建筑完成之后的维护、运营都提供了非常重要的管理平台。

BIM 又是一种数据化工具,通过建筑模型整合项目的各类相关信息,在项目规划、设计、建造、运行和维护的全生命周期中进行信息的共享和传递,在提高生产效率、节约成本和缩短工期方面发挥着重要的作用。

3.2.2 BIM 在建筑上的价值体现

1. 设计阶段

在设计阶段,存在的诸如图纸冗繁、错误率高、变更频繁、协作沟通困难等缺点都可以被 BIM 解决,BIM 所带来的价值优势远大于传统的计算机辅助设计(CAD)模式。在项目的设计阶段,通过 BIM 技术,建筑师们可以在三维可视化的空间角度及逻辑思维下进行思考,并能让业主随时了解自己的投资可以收获什么样的成果。

BIM 在设计上的应用主要包括:方案比选、协同设计、碰撞检查、性能分析、出施工图等。

1)方案比选

通过 BIM 3D 可视化技术,可以快速生成立体模型,依据客户需求设计多套方案以供比较和选择。在后期修改时,可方便协调修改,可即时将相关的产品方案与客户沟通交流,以实现最优的设计效果。

2)协同设计

基于统一的 BIM 设计平台,所有设计专业人员建立各自专业的三维设计模型,实时在平台上进行汇总和整合分析,从而减少现行各专业之间(以及专业内部)由于沟通不畅或沟通不及时导致的错、漏、碰、缺,而在真正意义上实现所有图纸信息元的唯一性,实现同步自动修改,提升设计效率和设计质量。

3)碰撞检查

利用 BIM 技术建立更专业的三维设计模型,将这些模型整合到一起,提前发现在空间上的专业设计冲突,形成碰撞数据报告,并结合各专业设计人员进行会审,提供解决方案,如提前确认土建部门需预留的情况,安装各个专业管道提前做翻弯处理等。在施工之前解决设计冲突或打架的情况,确保设计方案的可实施性和图纸的可建造性，减少返工。

4）性能分析

性能分析包括结构分析、能耗分析、光照分析、安全疏散分析等。使用BIM技术可以三维立体地动态查看，使设计分析更加准确、快捷与全面。

5）出施工图

基于唯一的 BIM 数据源，任何对工程设计的实质性修改都将反映在 BIM 中，软件可以依据 BIM 的修改信息自动更新所有与之相关的二维图纸，由 BIM 到二维图纸的自动更新将为设计人员节约大量的图纸修改时间，在很大程度上提高了设计质量。

2. 施工阶段

面对工程质量的技术要求越来越复杂，业主对可持续施工、精益化施工要求的日益提升，BIM技术在施工行业也可以起到规范管理、控制质量的作用。

施工上的应用主要包括：图纸会审、深化设计、可视化施工技术交底、碰撞测试、施工模拟、工程算量等。

1）图纸会审

根据各专业CAD图纸，由各专业BIM工程师利用中心文件，用工作集的方式进行分专业建模。选用具有一定施工现场经验的工程师，在建模的过程中，及时发现图纸问题，快速和设计师进行沟通，进行图纸变更，减少施工阶段的返工现象，节约工期。

2）深化设计

根据 BIM 可视化模型，直观明了地对节点（如钢结构、复杂钢筋节点等）进行深化设计，输出剖面图、三维图片等，发给各个专业的施工分包单位，前期保证图纸的准确性和一致性；施工时进行现场指导，保证各细部节点的准确施工，降低施工出错率，减少返工现象。

3）可视化施工技术交底

对于重要复杂的节点位置、复杂的工序采用图文并茂的形式进行施工技术交底，使施工重点、难点部位可视化，提前预见问题，确保工程质量。

4）碰撞测试

将各专业模型进行统一整合，利用碰撞测试等方法快速统计出图纸设计存在的问题，以书面报告的形式进行记录，并汇报建设、设计、施工及监理单位，让碰撞问题在施工前预先解决，避免了施工过程中因发现问题而导致的返工进而耽误工期的现象。

5）施工模拟

通过三维可视化功能再加上时间维度，可以进行虚拟施工，减少建筑质量问题、安全问题，减少返工和整改。

6）工程算量

通过 BIM 所获得的准确工程量统计，可用于工程项目的成本估算、成本比较、概预算、材料管理、竣工决算等，从而使算量更精确，杜绝人为错误和造假，能够准确管理现场材料或设备消耗。

3. 运维阶段

相比于设计、施工等环节，BIM 在建筑运维上的应用目前尚在初期阶段，主要集中在利用 BIM 的可视化特性，进行实时的监控管理。可视化给一个不太熟悉设施的维修维护人员提供了进行维修的可能性，降低了对于本地维护人员的依赖，从而通过减少人员和专业分包来降低人员成本。另外，在前期设计、施工都具备 BIM 条件的基础上，运维使用 BIM 就是水到渠成的事；如果前面的条件都不具备，却硬要在运维上使用 BIM，那也未必合适。

BIM 的应用对于实现建筑全生命周期管理，提高建筑行业规划、设计、施工和运维的科学技术水平，促进建筑业全面信息化和现代化，具有巨大的应用价值和广阔的应用前景。

3.3 云计算

3.3.1 云计算介绍

云计算是一种基于互联网的计算方式。通过这种计算方式，共享的软硬件资源和信息可以按需提供给计算机和其他设备。大数据时代数据的体量之大和对计算速度的要求之高是传统的单机模式无法满足的，而其价值密度低的特点也要求通过数据挖掘发现其潜在的价值，因此，与云计算结合是数据价值挖掘的必然要求。

云计算为实践物联网技术、人工智能、建筑信息建模等所需的海量数据的计算与存储问题奠定了基础，成为推动智慧建筑应用更加智能化的核心动力，主要包括云计算和云存储等形式。

大数据与云计算就如硬币的两个面，有着千丝万缕的联系。大数据是企业的资产，同时也是基础资源，需要云计算平台为其提供存储、访问和计算的支撑；云计算是一种应用模式，核心是数据处理技术，从海量数据中提取有用的信息，为企业及个人提供服务，这是大数据的应用核心，也是云计算的最终方向。

云计算自2006年提出至今，大致经历了形成阶段、发展阶段和应用阶段。过去十年是云计算突飞猛进的十年，全球云计算市场规模增长数倍，我国云计算市场从最初的十几亿元增长到现在的千亿元规模，全球各国政府纷纷推出"云优先"策略，我国云计算政策环境日趋完善，云计算技术不断发展成熟，云计算应用从互联网行业向政务、金融、工业、医疗、建筑等传统行业加速渗透。

3.3.2 云计算在建筑上的价值体现

云计算带来的最大好处就是降低部署和运维成本。原来需要采购多台服务器来运行管理系统和数据存储的需求，如果有超出预期的新需求，还要更改配置或新添额外的服务器，而现在无须担心采购设备的配置是否足够。另外，由于无法保障应用对服务器的性能需求是平稳的，如上班早高峰访问量比较大，而夜间使用的资源很有限，服务器在很大程度上是按最大服务性能来采购的，这无疑造成空闲时段大量的资源被闲置和浪费。云计算的一个好处就是它提供了按需分配资源的能力，无论是基础设施即服务（IaaS）层的存储、计算、带宽，还是平台即服务（PaaS）层的服务开发工具，甚至软件即服务（SaaS）层的现成应用，都可按需收费，这就打破了传统固定的交付模式。

硬件服务器无法灵活采购是问题之一，运维则是另一个大难题。设备采购安装部署到现场后，就要有相应的运维人员去管理和维护这些设备。如何更有效地管理，考验的是整个运维团队的能力。而现在通过采购云计算服务，建筑业务团队就能将服务器的运维工作外包，只聚焦在建筑自身的业务创新工作上。

云服务应用到建筑领域，具体可以形成节省成本、资源整合、跨平台、安全和轻松管理等优势。

1. 节省成本

不需要购买多余的服务器和扩容备件，也不用重复安装服务器系统环境，以及重复更新和修复。云计算集中运行，可以集中更新组件，不间断操作，降低整体IT能耗，减少排放，真正做到绿色计算。据中国信息通信研究院的云计算发展调查报告显示，95%的企业认为使用云计算可以降低企业的IT成本，其中超过10%的用户成本节省在一半以上。另外，超40%的企业表示使用云计算提升了IT运行效率，IT运维工作量减少和安全性提升的占比分别为25.8%和24.2%。

2. 资源整合

可以将各类资源整合在一起，避免重复计算，重复存储，如设计方的模型和运营方的数据都放在一起，整合成一份，这有利于整个建筑项目共享数据信息，打破信息孤岛。通过云共享形成的实时更新速度能够让团队的成员之间达成更加高效的协同。当某一方将模型/数据进行修改时，云端的模型/数据会自动更新，并重新发布后共享新模型/数据。

3. 跨平台

现在无论是通过移动设备、平板电脑、家用台式机，或是网络电视机等网络终端设备上网,都可以无差别地访问存储在云中的数据,保证了用户使用上的体验一致,从而帮助提高生产力和办公效率。

4. 安全

数据集中存储在云端,由统一、有专业经验的安全团队对云计算服务的所有使用进行安全保障,既可以保障云平台应用自身的安全,也可以保障云服务租户的安全。

5. 轻松管理

现在借助云计算平台,可以实现不受地址位置约束而实时获取信息的功能,通过集中式的管理控制界面,可控制云中的每个组件,而无须出差或连接异地机房的监视器。通过互联网访问这种集中式管理使得服务更容易,花费更少的时间,使用更少的运维人员,而不用像以往的项目一样在每个现场都配备一组工程师和技术人员在每台服务器上查看信息。

云计算为数字经济在建筑领域的应用落地提供了平台支撑,而且这种支撑会随着技术演进不断推陈出新。云端强大的服务能力红利还远没有得到完全释放。从早期的虚拟化技术到近年来以容器、微服务、DevOps 为代表的云原生技术,更高的敏捷性、更大的弹性和云间的可移植性一直受到人们的广泛关注。图 3-5 所示是云计算的技术成熟度曲线,也代表了各个阶段的技术关注重点。

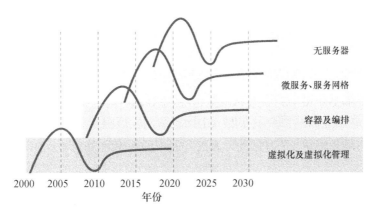

图 3-5 云计算的技术成熟度曲线

微服务、云原生正被越来越多的建筑业细分领域所接受，行业化和场景化将成为云服务发展的大趋势。基于云计算的应用布局不断加强，未来会成为推动智能建筑实施的重要途径。

3.4 物联网

3.4.1 物联网介绍

物联网（IoT）是指通过信息传感器、射频识别技术、全球定位系统、红外感应器、激光扫描器等各种装置与技术，实时采集任何需要监控、连接、互动的物体或过程，采集其声、光、热、电、力学、化学、生物、位置等各种需要的信息，通过各类可能的网络接入，实现物与物、物与人的泛在连接，实现对物品和过程的智能化感知、识别和管理。物联网是一个基于互联网、传统电信网等的信息承载体，它让所有能够被独立寻址的普通物理对象形成互联互通的网络格局。

前文提到的物联网是指各种感知传感设备的网络，这是一种狭义的物联网说法，传感器就相当于人类五官的延伸，用以感知外界信息。而广义的物联网则指任何时间、任何地点、任何人之间的信息交换，包括互联网、移动服务网在内都可归为广义物联。万物互联指的就是这个意思，一切"物"均在线互联互通。

2009年，我国政府提出"感知中国"理念，物联网被正式列为国家五大新兴战略产业之一，物联网发展的新纪元由此开启。这之后，有关物联网的政策、技术、需求和市场不停地发生变化，如今已经过去10余年。2021年7月13日，据中国互联网协会发布的《中国互联网发展报告（2021）》显示，全国的物联网市场规模达1.7万亿元，人工智能市场规模达3031亿元，可见物联网市场之广阔。

物联网从层次结构上可以分为四层，分别是感知层、接入层、网络（传输）层和应用层。

- 感知层相当于人的皮肤和五官，负责识别物体，采集信息。
- 接入层相当于人的神经末梢，用来完成应用末梢各节点信息的组网控制和信息汇集，构成边缘自治网络。
- 网络层相当于人的神经中枢和大脑，负责信息的处理和传递。
- 应用层相当于人的社会分工，主要完成与行业需求的结合，实现广泛的智能化。

在整个模型层面，网络层和应用层之间又可以分出一组平台层，如图 3-6 所示。

应用层	智能视频监控	智能出入口控制	智能照明控制	设备自动化控制	智能能耗统计分析	智能会议室管理	综合应急管理
平台层	设备管理	权限管理	日志管理	安全认证	应用管理	规则引擎	
	数据挖掘	视频分析	人脸识别	定位导航	语音识别	设备影子	
网络层	建筑驻地网		专网&互联网		移动通信网		
接入层	智能建筑物联网接入网关，完成统一接入、协议转换和上传						
感知层	摄像头	空调新风	照明	消防	环境传感器	道闸设备	广播&发布

图 3-6　基于物联网的建筑系统层级架构图

平台层是物联网网络架构和产业链条中的关键环节，通过它不仅能够实现对终端设备和资产的"管、控、营"一体化，向下连接接入感知层，向上面向应用服务提供商提供应用开发能力和统一接口，还能够为各行各业提供通用的服务能力，如数据路由、数据挖掘与处理、仿真与优化、业务流程和应用整合、通信管理、应用开发、设备维护服务等。

与此相对应，物联网用于建筑行业所表现出来的系统层级架构如图 3-6 所示。

3.4.2 物联网在建筑上的价值体现

物联网对智能建筑的自动化和控制产生了变革性影响，颠覆了长期建立的商业模式，提供重大的新机会来改善和提高建筑效率，提高员工生产力，同时有助于刺激建筑业的发展，做出服务产品的创新。

英国咨询机构 Memoori 将建筑物联网（BIoT）定义为："一个连接所有建筑服务的网络，用于监控、分析和维护在无人干预的情况下控制智能建筑。"

透过导入感测、数据分析、云端服务等 IoT 智慧技术，各类联网装置正在改变我们与建筑交互以及管理的方式，并为住宅、商业大楼、购物中心等各种建筑带来全新的样貌。根据 Memoori 研究机构及蓝牙技术联盟的研究预测，到 2022 年，商用建筑物 IoT 市场规模将成长至 380 亿美元[①]。

1. 建筑物联网技术让智慧建筑加速普及

虽然到目前为止，消费者主要专注于智慧音箱和家庭助理等生活产品，但未来将有更多消费者希望拥有如智慧空调、智慧照明、居家监控等实用的联网装置。Memoori 的报告指出，投资于升级和整合建筑管理系统的业主，将能节省 30%～50%的运维费用。此外，透过利用建构联网办公室，还可以提升办公室空间的利用率，把经常出差的员工的位置重新分配或出租[①]。

2. 建筑物联网实现更多增值服务

透过部署分散式传感器系统、无线通信及智慧分析的建筑联网系统，可实现更多的增值服务，包括预测性维护，以及水、电、空调等资源的有效管理。此外，建筑物联网还有助于提升建筑及门禁的安全性。对于房地产业主来说，智慧建筑的这部分初期投资成本，最终会带来长期的运维费用的降低与服务价

---

① Memoori. The Internet of Things in Smart Commercial Buildings 2018 to 2022. 2018.

值的提高。

另外，由于用户长时间待在室内，确保室内环境的舒适与品质也很重要。透过部署联网装置来监控室内的空气质量、温度、环境光线等，都能提升员工个人的健康与生产力。同时，针对老年群体的居家监测、远程看护也能通过建筑物联网技术来实现。

3．建筑物联网技术正在改变产业

长期以来，由于安装与维护的成本高昂，又需要专业技术，设施设备的管理一直只有应用在大型建筑物上才有经济效益。但是，随着物联网技术的发展与普及，现今的建筑自动化系统已逐渐向易于部署、运作、维护的无线技术演进。例如，低功耗广域网络和蓝牙等技术已为新一代的自控使用案例提供了良好的基础。传感器的融合也是一大趋势，将多种传感器与对多种通信技术的支持集成到一个传感器上，让终端用户具有更大的灵活性，可以更广泛地访问数据。而且将多种技术集成在一起也有助于提高系统的可靠性和准确性，同时降低了安装和运维的成本。与以往需要多处安装和管理设备的方式相比，集成 Wi-Fi、蓝牙、视频监控多种技术的定位分析服务无疑更方便有效。

4．建筑物联网技术加速建筑数字化转型进程

根据 Memoori 的报告预测，基于物联网架构的建筑在全球建筑市场的份额将继续大幅增长，据统计，2017—2022 年市场份额达到 842 亿美元，复合年增长率为 19.4%，远高于传统建筑智能化市场。

IoT 设备互联的市场在全球依旧保持快速增长的态势，尽管比早期乐观的预测有所降低，但增长率仍然可观，2017—2022 年，总体保持在 12.8%～28.4%。这些数据都表明，即使根据最保守的估计，2022 年，地球上至少人均分摊 4 台联网设备，如图 3-7 所示。

5．建筑物联网技术提高员工的工作效率

美国采暖、制冷和空调工程师学会的研究显示，为建筑的居住者提供其对温度和照明的更大控制权，如通过移动端应用程序，对工作区进行调节，可直接导致工作产出效率提高 0.5%～5%。

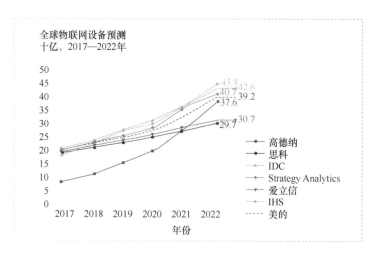

图 3-7　全球 IoT 设备的数量趋势图

6. 建筑物联网加速跨团队融合

物联网模糊了先前截然不同的 IT 和 OT 世界之间的界限,传感网络将物理空间和数字空间连接在一起,这改变了过去用来描绘空间边界的方式,以服务来划分空间而不再受限外部物理空间。这些变化使得原本就熟悉 OT 的建筑行业从业者发现自己还可以在更广阔的物联网世界中发挥更大的作用。

IT 和 OT 角色的职责原本是由不同的业务需求来驱动的。IT 角色侧重于信息流,而 OT 设施经理则更专注建筑的物理功能。这两个部门通常在功能运作上相互独立,对彼此的项目和计划几乎没有战略协调或影响。建筑物联网带来的物理世界和数字世界的融合将改变这一局面,从战略思维、工作实践和跨角色相互交流等方面,加强职能部门之间的参与和配合将成为建筑物联网项目能否成功落地的关键。

综上所述,整个建筑物联市场的焦点正稳步从热度炒作转向从在建筑效率和业务绩效方面度量效益的服务性业务成果。相比于物联网强调接入多少亿台设备、支持多少通信协议,远不如告诉潜在客户物联网技术可以帮助他们创造多少业务价值。

早期大规模部署传感网络面临着成本居高不下的问题,最近几年由于技术创新、效率提升以及市场竞争的加剧,现场网络边缘设备的成本越来越低,微芯片、传感器、网络连接基础设施和相关服务的价格都有所下降，这使得在更大范围内广泛部署可实时采集和操控的联网设备成为相对经济的可能选择。如图 3-8 所示为技术升级带来的物联设备在计算、内存、存储、传感器等成本方面的价格变化。

公制	措施	2013年	2017年	价格变化
计算机处理成本	每 GFLOPS 的大约成本（一种衡量计算机性能的方法，可用于需要浮点计算的科学计算领域）	$0.22	$0.03	-86%
内存	每 GB 内存的平均成本	$6.81	$5.93	-13%
存储	每 GB 存储的硬件成本	$0.048	$0.026	-86%
云计算成本	具有 1 个虚拟 CPU 和 3.75GB 内存的标准机器类型	$0.26	$0.175	-33%
传感器	物联网传感器平均成本	$0.65	$0.475	-27%

图 3-8 技术升级带来成本方面的价格变化

同时，基于建筑物联的应用也在逐步做深和做细。早期建筑物联网的应用市场有些类似 2000 年到 2010 年间的移动端应用市场，多个平台商彼此竞争并试图主导市场，但只有少量的 App 应用可供用户群选择，市场选择少。现在的建筑物联应用虽然还是相对比较简单化，但未来随着节能减排力度的加大，应用市场会更专注于能源监控功能，甚至集成更多的增值功能，如计费、动态能源收费、峰谷电价、智能电网等。针对不同的建筑业态，也会形成特定的应用服务程序，如数据中心能源管理、商超便捷服务，相信未来的市场空间会逐步打开。

3.5 大数据

3.5.1 大数据介绍

互联网是近几十年才发明而走入我们日常生活的，而数据早在这之前就有了。从以岩画、石刻到竹简、活字印刷、打字机为手段的信息技术已有几千年的历史，这也是数据和应用数据的历史。本书所提到的大数据，是这十几年才伴随着互联网一起兴起的。大数据不仅是指数据的容量大，还有着其他几层含义：高速、多样、低价值密度，如图3-9所示。

图3-9　大数据的含义

麦肯锡全球研究对大数据的定义是：一种规模大到在获取、存储、管理、分析方面大大超出了传统数据库软件工具能力范围的数据集合，具有海量的数据规模、快速的数据流转、多样的数据类型和低价值密度四大特征。

大数据技术的战略意义不在于掌握庞大的数据信息，而在于对这些含有意义的数据进行专业化处理。换而言之，如果把大数据比作一种产业，那么这种产业实现盈利的关键在于提高对数据的"加工能力"，通过"加工"实现数据的"增值"。

大数据业务具体又可进一步细分为数据集成、数据分析和数据应用。

1．数据集成

数据集成包括数据集成中间件、数据集成平台，主要指采集、清理、规范化和聚合来自各种硬件设备/系统及其他三方系统的数据。

2．数据分析

数据分析负责对数据集的动态实时数据进行处理、查询、报告、事件管理和信息检索，包括对不同数据集之间复杂的相互关系进行报告和分析研判。例如，深入数据并分析占用率数据如何影响能源使用，天气模式的变化如何影响客户数，以及员工的生产力如何受建筑温度的影响等。

3. 数据应用

数据应用包括数据可视化呈现、商业洞察（BI）、数据交互及相应工具的开发。这也是数据使用者可以最直接感受到数据用途的部分。根据不同业务的特点可划分不同类别的应用，如针对运营团队，对内有精准营销、客服投诉、到店分析等，对外有基于位置的客流、基于标签的广告应用等。

当然，划分方法和维度不是绝对的，如图 3-10 所示是电商板块的大数据平台架构，数据采集还进一步细分为数据传输、存储和计算；数据分析可基于业务丰富度拆分出更多的维度，如数仓、数据集市、数据治理、数据报表等诸

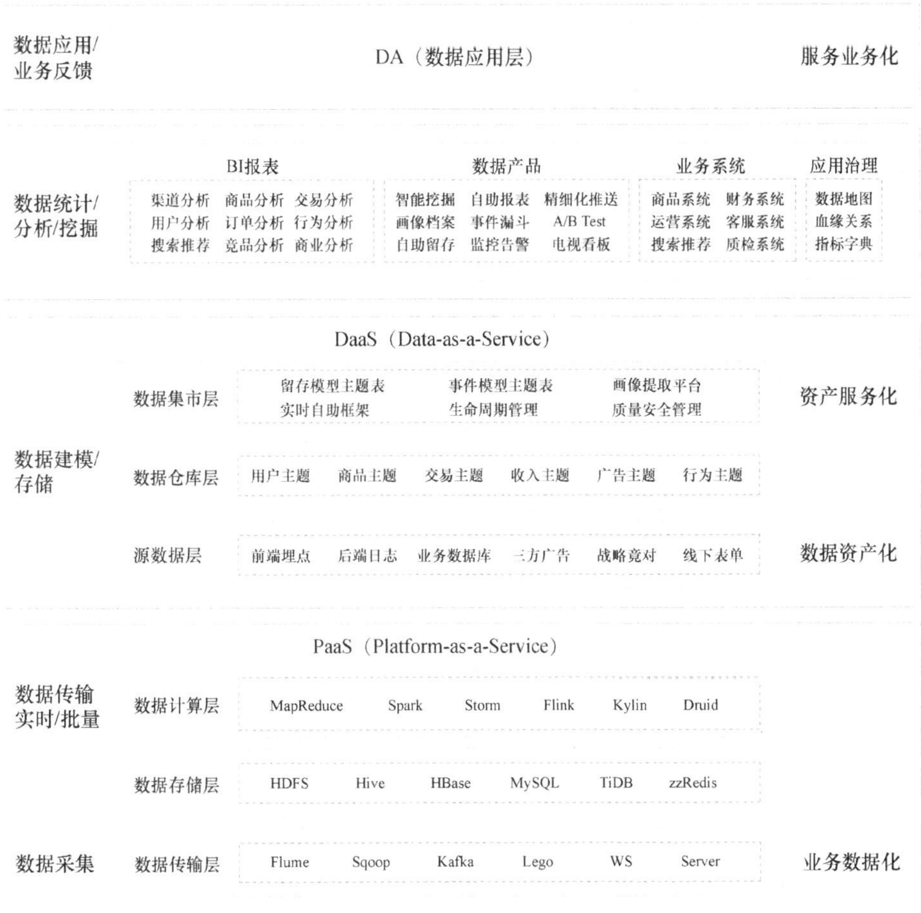

数据应用/ 业务反馈	DA（数据应用层）			服务业务化
数据统计/ 分析/挖掘	BI报表 渠道分析 商品分析 交易分析 用户分析 订单分析 行为分析 搜索推荐 竞品分析 商业分析	数据产品 智能挖掘 自助报表 精细化推送 画像档案 事件漏斗 A/B Test 自助留存 监控告警 电视看板	业务系统 商品系统 财务系统 运营系统 客服系统 搜索推荐 质检系统	应用治理 数据地图 血缘关系 指标字典
	DaaS（Data-as-a-Service）			
	数据集市层	留存模型主题表 事件模型主题表 画像提取平台 实时自助框架 生命周期管理 质量安全管理		资产服务化
数据建模/ 存储	数据仓库层	用户主题 商品主题 交易主题 收入主题 广告主题 行为主题		
	源数据层	前端埋点 后端日志 业务数据库 三方广告 战略竞对 线下表单		数据资产化
	PaaS（Platform-as-a-Service）			
数据传输 实时/批量	数据计算层	MapReduce Spark Storm Flink Kylin Druid		
	数据存储层	HDFS Hive HBase MySQL TiDB zzRedis		
数据采集	数据传输层	Flume Sqoop Kafka Lego WS Server		业务数据化

图 3-10 电商板块的大数据平台架构

多子模块。所有的拆分方法都是为了更好地服务业务，让数据更通透、更有效利用，发挥更多价值。

数据工作虽然隐藏在业务系统背后，但它发挥着非常重要的作用。随着大数据技术的发展，建筑行业对数据的使用也越来越受到重视。

3.5.2 大数据在建筑上的价值体现

大数据在建筑上的作用非常大，从以下几个方面可以体现。

1. 数据是新的生产要素

2020 年 3 月，中共中央、国务院发布《关于构建更加完善的要素市场化配置体制机制的意见》，将"数据"与土地、劳动力、资本、技术并列，作为新的生成要素，并提出"加快培养数据要素市场"的策略。建筑作为用户居住和使用时间最长的空间载体，产生的数据无疑也是极其庞大的。如何把这些数据利用起来，让其真正成为新的生产要素，给各方创造价值，意义非常重大。

大数据的价值体现在以下几个方面。

- 可以帮助那些对建筑内普通租户提供产品服务的企业，利用大数据进行精准营销。
- 利用大数据做服务转型，由原来的被动运营转为数据驱动的主动式管理运营。
- 增强传统企业在面对互联网转型压力下的竞争力，尤其是行业专业数据的价值提炼和沉淀。

2. 在线大数据是新业务产生的源泉

大数据时代强调的不只是"大"，更多的是"活"，即判断一个数据是否有价值，主要的判断标准是这个数据是否被活用。之前的建筑智能化项目并不是缺少数据，而是数据量很大，只是这些数据并没有被有效采集，或者缺乏好的数据挖掘和使用方法，所以数据并没有被有效利用起来，就都成了死数据。所以如何用活数据也是智慧建筑大数据方向应用的重要突破点。

"活"的数据往往是在线的，只有在线的数据才能实现实时处理，才能支撑各种各样的数据玩法，这方面互联网其实可以给传统行业带来很多启发。以电商购物为例，浏览和购物的记录被实时记录下来，系统将信息与商品进行匹配，为用户推荐其所心仪的物品。同时，淘宝商家也可以根据用户数据优化自己的商品展售，同时淘宝商家的行为也会被记录下来，实时传递给厂家以及时调整生产。应用到智慧建筑领域就是基于鲜活的实时在线数据，运营者一样可以知晓建筑使用者的情绪、状态、反馈，实时做出调整以满足这些需求。这又可在传统智能化范围之外发掘出新的业务机会。

3. 大数据是精细化管理的依据

传统的建筑建设，增长方式较粗放，其中很多环节靠的是人为作用，如设计公司和开发商、施工者和终端用户之间的衔接过程，往往依赖人与人的沟通和交流，这导致工作效率低、质量管理凌乱。即使一些大公司做得稍好，也是依靠强流程管控加上好的制度来支撑的，这种模式对于发展越来越快的建筑业明显力不从心。而从数据出发则是一种可靠的管理方式，依据数据可以提高这些过程的协同效率，让反馈更及时地传递到接收方，响应周期可大大缩短，管理的效用更加细致到位。

建筑业作为发展历史悠久的行业，之前也提供了大量的行业数据，不过在大数据的应用出现之前，建筑企业靠的是积累经验来进行分析和判断，这样难以保证过程的准确性。而大数据的出现改变了这一切，通过结合行业经验及对历史数据的整理、分析，可以为企业提供更有效的依据，减少运营的时间成本，突显精细化的运营效果。

4. 大数据是建筑行业转型的基础

建筑是最大的产出数据的行业之一，又是数据化应用程度较低的行业之一。建筑涉及的关联产业繁杂，相应的数据也很大，其中非结构化数据又远远多于结构化数据，这增加了数据利用的难度。但从另一个角度来看，如果做好数据的使用，则建筑业的转型也就大有可为。

数据的流动机制反映着世界的运行规律，并为下一步行动提供决策。基于数据，在建筑内实现基于数据驱动的经营管理和科学决策，能够保证全管理过程的可控与目标达成，提升对建筑的经营管理能力。数据是基础，智能化是目标，只有用好了手上的大数据，才能进一步实现智能化目标。这也是建筑未来智慧化转型的方向。

建筑业要热情拥抱大数据时代，用"大整合、大融合、大视野"的大数据核心思维来建设和管理建筑，实现建筑的信息化、数据化和现代化。

一要用"大整合"思维实现资源的高效利用，突破时间、空间和地域限制，用更便捷的手段在更广更高的平台整合设备资源、人力资源、知识资源，最大化、最优化地配置管理资源，降低管理成本、提高运营水平。

二要用"大融合"思维探索跨界融合发展。如今，建筑业与相关联的上下游行业之间全面渗透、融合变得十分容易，建筑业通过技术、资源、信息的互补，可以在一个公用的数据平台上实现共赢——跨界融合是时代发展的趋势。

三要用"大视野"思维提高团队素养和能力。互联网使人们的视野变得更加开阔。对于建筑业而言，利用互联网拓宽视野，利用智慧运营等应用来强化管理水平显得尤其重要。只有提升团队素养、拓宽行业视角、拥抱新技术才能让行业飞得更高更远。

3.6　5G及边缘计算

3.6.1　5G及边缘计算介绍

从1G到4G，是人们用声音、图形、视频的通信需求推动其技术的进步，而5G的出现并不能单纯地理解为数据传输速度的提升，这是在速度上从量变到质变的一次飞跃。5G作为2018—2020年中央经济工作会议中多次倡导的"新基建"的重要组成部分，是支撑数字经济快速发展的新型基础设施，正一点一滴地改变着现有的商业逻辑和盈利模式。

作为新一代移动技术，5G定义了增强型移动宽带（eMBB）、超可靠低时延通信（URLLC）、海量大规模连接（mMTC）三大应用场景，主要提供高速率（可达 10Gbps）、低时延（低至 1ms）、大规模连接（可达每平方千米上百万的连接数）的服务。

未来的建筑业将向过程数字化、施工自动化、管理系统化、控制网络化 4 个方向发展。而 5G 可以预见会在相应领域提供具体的应用。例如，"海量大规模连接（mMTC）"在建筑领域适用于工地现场的各种设备、各种传感器的操作与信息回传；而"超可靠低时延通信（URLLC）"在建筑领域适用于精密仪器、设备或涉危作业的远程操控。

5G 的出现大幅度弱化了服务本身对媒介功能的要求，因为传输速度足够快，基本可以实现异地实时对接。理论上用户不必下载复杂的操作系统或操作软件，就可以通过云端来完成作业，所以未来 App 应用的形态甚至手机的形态都有可能发生巨大的变化。

边缘计算是 5G 的核心技术。5G 的三大典型应用场景对网络性能的要求有着显著的差异，但为控制成本，实现在最少的资本投入下产生最丰富的网络功能，就需要引入边缘计算，将大量业务在网络边缘做终结。

随着时间的推移，计算机处理成本不断下降，同时智能化程度不断增强，在网络的"边缘"收集信息，进而存储、验证、结构化甚至处理数据变为现实。这种智能可以部署到现场网关上，或者嵌入到网络边缘设备，甚至是传感器级别的设备上，这就是边缘计算的关键。

边缘计算的重要性正在稳步上升，其调研评分如图 3-11 所示，在 2017 年 8 月进行的一项调查中，有 74%的物联网服务提供商认为边缘计算对未来的应用至关重要或非常重要。2019 年，IDC 的报告《全球物联网未来展望》中预测，45%的物联网生成数据将在物联网的现场边缘进行存储、处理、分析和执行。边缘处理在高带宽应用中尤为流行，如视频或音频数据处理，许多设备制造商在设备上会预装带有其处理功能的软件。

5G 和边缘计算带来的变化如下。

- 极大提高了物联网的数据收集潜力，典型的如传感器阵列。普通智能手机现在都包含高清晰度摄像机、陀螺仪、气压计、加速计、磁强计、环境光传感器、全球定位系统（GPS）和蓝牙支持等传感设备。作为物联网网络上的"节点"，这些传感器可用于多种用途，如位置数据、高度、亮度和温度等。

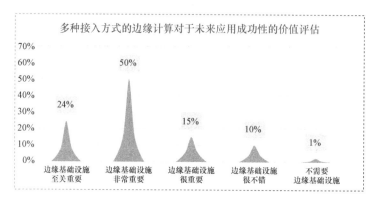

图 3-11 边缘计算的重要性调研评分

- 为移动中的用户提供更优化的灵活性和生产力，提供快速访问相关数据的能力。越来越多的温度调节设备、照明控制设备、安防通行设备都可通过 5G 智能手机进行控制。

3.6.2 5G 及边缘计算在建筑上的价值体现

5G 及边缘计算作为支撑经济社会数字化、网络化、智能化转型的新型关键基础设施，将进一步推动整个建筑的智能化、无人化，为建筑业企业打造数字化新模式，加强产业数字化建设，助力推动建筑业的安全，为业态创新发展提供良好的基石。

- 通过 5G 的应用，能够及时发现施工管理中存在的问题，自动分析问题的引发原因、过程以及危害，有利于解决方案的制定，可大大降低各种事故的发生率。建筑工程，因其自身的特点，很容易出现各种问题。例如，出现施工事故，会威胁施工人员的生命安全；材料不合格，或者施工技术水平较低，则导致建筑质量不符合要求；施工过程中，水泥、砂砾等还会产生较严重的环境污染……这些问题通过 5G 远程技术可以及时准确、安全可靠地管理。

- 将分析能力放在网络边缘可以在边缘处理一些更复杂的数据集，只需将处理的相关数据结果发送到云端中央服务器，从而降低带宽和存储需求。

- 在网络边缘嵌入分析能力可以减轻云端服务器的硬件、软件压力，大大降低了总体基础设施成本。

- 对于更关键的问题，如需要在捕获特定数据后立即采取措施，边缘处理还可以满足对低网络时延的要求，而不用依靠中心服务器的处理结果。例如，智能安防应用程序通常需要异常事件发生后的几毫秒内执行系统动作，从云端发起执行的高时延可能会造成致命后果。

当然，边缘计算也有自己的缺点，主要体现在处理能力有限，这可能会限制设备的功能或降低分析的准确性，从而导致数据不准确；另外，由于边缘的软件分析基本上是静态的，因此它们也存在无法及时更新的风险，导致没有定期修补和更新，处理分析会变得过时。

结合物联网项目的多样性，目前没有一定的说法，到底用边缘（Edge）还是用云（Cloud）更合适，还需要具体情况具体分析。不过从总体上看，大原则是，云端在交付非敏感任务和大规模数据存储业务方面可以发挥主要优势，而边缘处理则更适用于时间敏感性高的场合。

可以预见，未来的企业和开发人员需要权衡两种方法的好处，并开发互补的物联网架构，将 Cloud 和 Edge 的优势结合起来形成更复杂的云边协同结构，自动平衡接入点之间的数据处理能力，仅在方便合适的时候将数据转移到云上处理。这种结构随着时间的推移和项目的应用会变得越来越普遍。

据毕马威和 IDC 的 2020 年分析和预测，到 2023 年，5G 边缘计算会给工业制造、互联医疗保健、智能运输、环境监控、游戏五个行业带来超过 5170 亿美元的价值机遇，如图 3-12 所示。建筑业作为第二产业工业的重要组成部分，这个市场的机遇一样不可小视。

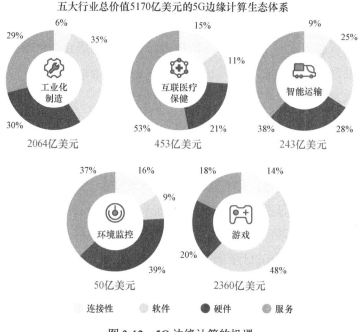

图 3-12 5G 边缘计算的机遇

3.7 地理信息系统

3.7.1 地理信息系统介绍

地理信息系统（GIS）是描述、存储、分析和输出空间信息的一门新兴的交叉学科。它是一种以地理空间数据库为基础，采用地理模型分析方法，适时提供多种空间动态的地理信息，为地理研究和地理决策服务的计算机技术系统。

从 GIS 的专业角度看，可以将人们经常使用的信息划分为两类——空间信息和非空间信息。所谓空间信息，就是信息内容本身就包含形状、分布、空间定位、空间相互关系等内容。如一条道路、一座桥梁，或者一座建筑、一个行政区、一个天体等的几何形状及其所处的空间位置等。GIS 就是关于空间信息的系统。

地理信息则是人们应用最多的空间信息。根据统计，人们日常使用的信息

80%以上都是地理信息。早在 4000 多年前，人们就知道了使用地图，从而掌握了与地理空间信息打交道的直观、简易方法。而现代科学技术的发展，又将人们带入了一个前所未有的信息高速发展时代，计算机的使用和数据库技术的快速发展更使得人们学会了用信息系统管理和使用这些空间地理信息。

GIS 是计算机地理制图和计算机图像处理技术发展到一定程度的必然产物。在 20 世纪 60 年代，随着世界经济的快速发展，对地形图的数量和质量提出了更高的要求，一般的手工作业方式已远远不能满足地形图生产的要求，也不能对地面日新月异的发展变化及时进行更新，而计算机技术的发展，使得使用计算机进行地图绘制成为了客观上的必然。另外，随着航空和航天遥感技术的发展，又使得人们必须快速寻找对高精度遥感资料的处理方法，这同样要用计算机进行处理，综合这几方面的共同要求，就激发了计算机图像处理技术的快速发展，也就催生了 GIS 的诞生。

GIS 的发展已接近 50 年，极大地拓宽了信息系统技术的应用广度和应用深度，特别是随着信息新技术的快速发展，GIS 也发生着日新月异的变化，目前正处在一个快速发展阶段，其在设施管理、交通管理、建筑建设、城市规划、灾害防治、灾害评估、文物考古等领域中扮演着重要的角色。

GIS 具有以下特点。

- 公共的地理定位基础。
- 采集、管理、分析和输出多种地理空间信息的能力。
- 系统以分析模型驱动，具有极强的空间综合分析和动态预测能力，并能产生高层次的地理信息。
- 以地理研究和地理决策为目的，是人机交互式的空间决策支持系统。

3.7.2　地理信息系统在建筑上的价值体现

建设工程从破土动工到交付使用，包括规划、勘察、设计、施工等众多环节，工程完工交付使用后还有日常维护和监测。这些都需要处理大量与工程建设有关的空间数据和记录文档，如建筑的具体分布、位置、标高，以及桥梁的架设、道路的布局、市政建设中各类地下管线铺埋的位置等。人为处理这些复杂信息，既费时又费力。GIS 强大卓越的空间数据查询分析功能、快速的数据更新功能、准确传递信息的功能，将为快速高效地完成建设任务提供技术支持。

1. 建筑规划

GIS 用在建筑开发规划管理中，通过建立可供应地块的预测管理信息系统，为管理者提供未来一段时间里可用于建造住宅的土地利用时间表，进而推测配套的基础设施建设如何布局、何时完工，以及各种商业、服务、教育、保健、公共交通设施应该建立的地点或区域。

2. 基础设计

当前，高层建筑层出不穷，这既提高了空间利用率，又缓解了城镇建设用地的紧张局面。但这同时也给基础设计和施工提出了更高的要求。例如，桩基础应用在高层施工中较为普遍，将 GIS 使用在桩基础设计中，可完成 GIS 对单桩承载力信息的管理、分析和查询，实现不同试验单位、不同设计部门对单桩承载力信息的共享，进而经过数据分析得出单桩竖向承载力的极限值。这还仅是建设设计中运用 GIS 的一个小例子，其他方面还有很多。

3. 建筑审批

采用 GIS 可实现图形与属性的交互式访问。首先，在地图上清楚地标明了正在建设和上报审批需要建设的项目位置；其次，将企业资质、单位名称、经济状况、主要技术人员和管理人员简介等企业属性信息存放于数据库，建设管理部门的工作人员可以通过 GIS 专业软件，实现对市场现有建筑施工单位经营管理状况的即时了解，规范市场秩序，把好市场准入关。同时，GIS 图形显示和数据处理功能可快速、准确地查询相关信息，使资料存放更简单、有序，以减轻有关管理人员的负担，降低人为错误。

4. 施工管理

将管辖区域内的建设工程项目显示在 GIS 地图上，对建设工程项目进行定位查询，就能够直观、方便地掌握施工项目的现实状况，有利于安全监管人员有目的、分重点地对建设工地实施安全监督。

以图形的形式直观地显示出管辖范围内的工程项目分布情况，以及项目周边的交通、电力、电信、燃气、供水管网的布局信息，为场地施工提供便利；同时还可以把与工程项目有关的属性信息，如建设单位、设计单位、施工单位等存储在数据库中，用户只需要通过简单操作就可以提取、查询和使用这些数据，既方便对施工项目的安全监督，又为安全管理提供了辅助决策。

5．运营管理

通过三维 GIS 系统，再现楼盘三维场景，虚拟显示住宅内部结构，并且可通过互联网发布房产项目认购信息，这些功能是普通信息系统无法完成的，而且在住宅小区建成后，物业管理公司也可以通过房产三维管理信息系统对各种物业设施进行数字化管理。

在当今智慧建筑市场中，GIS 组合 BIM 是一个新的趋势（GIS 主宏观、BIM 主微观）。

一方面，BIM 需要 GIS。建筑行业的 BIM 技术，虽然整个生命周期从设计、施工，到运维都是针对 BIM 单体精细化模型的，但是其不可能完全脱离周边的宏观地理环境要素。而 GIS 一直致力于宏观地理环境的研究，提供各种空间查询及空间分析功能，并且在 BIM 的运维阶段，GIS 可以为其提供决策支持。

另一方面，GIS 也需要 BIM。对于 GIS 来说，BIM 数据是 GIS 另一个重要的数据来源，能够让 GIS 从宏观走向微观，同时可以实现精细化管理。此外，GIS 与 BIM 数据的融合使 GIS 从室外走向室内，实现室内外一体化的管理。

3.8 数字孪生

3.8.1 数字孪生介绍

相比于其他几种基础技术，数字孪生（Digital Twins）可算是个后起之秀，不过其能量一样不可小觑。

"Digital Twins"一词首次被公开使用是在 2011 年，在一份美国航空航天局（NASA）的技术报告中，它被定义为"集成了多物理量、多尺度、多概率的系统或飞行器仿真过程"。NASA 指出数字孪生是驱动未来飞行器发展的关键技术之一。而且在接下来的几年中，越来越多的研究将数字孪生应用于航空航天领域，包括机身设计与维修、飞行器能力评估及飞行器故障预测等。

数字孪生正在得到越来越广泛的传播和使用，这得益于物联网、大数据、云计算、人工智能等新一代信息技术的发展。现阶段，除了航空航天领域，数字孪生还被应用于电力、船舶航运、城市管理、农业、建筑、制造业、石油天然气、健康医疗、环境保护等行业。数字孪生的应用全景图如图 3-13 所示。

1. 数字孪生的定义

数字孪生是指以数字化的方式创建物理实体的虚拟实体，借助历史数据、实时数据及算法模型等，模拟、验证、预测、控制物理实体全生命周期过程的技术手段。

数字孪生由三部分组成：数据模型，一组分析或算法，以及相关知识基础架构。其中数据模型是基于一系列横跨多维度的真实世界的数据测量积累而成的。

2. 数字孪生的典型特点

1）互操作性

数字孪生中的物理对象和数字空间能够形成双向映射、动态交互和实时连接，因此数字孪生具备以多样化的数字模型映射物理实体的能力，能够在不同数字模型之间实现转换、合并和建立"表达"的等同性。数字孪生支持在物理、数字两个世界来回切换，彼此影响。

2）可扩展性

数字孪生具备集成、添加和替换数字模型的能力，能够针对多尺度、多物理、多层级的模型内容进行扩展。

第 3 章 新时期智慧建筑的数字化基础设施

- 船舶航运
  · 船舶设计优化
  · 远程交互
  · 资产管理
  · 船舶预测性维修
  · 港口状态检测与决策优化

- 健康医疗
  · 设备功能测试
  · 设备故障预测
  · 医疗资源管理优化
  · 策略变更验证
  · 医疗与手术方案验证

- 航空航天
  · 飞行器故障预测
  · 飞行器维护维修
  · 机组人员安全
  · 生产及装配优化
  · 供应链数字化发
  · 发动机设计与管理

- 电力
  · 电厂三维可视化管理
  · 电厂运行优化
  · 电力设备健康管理
  · 通用电网模型构建
  · 电网设计及运维

- 汽车
  · 汽车研发环节验证
  · 汽车运行状态监测
  · 故障诊断与维护维修
  · 不同环境行驶过程模拟

- 石油天然气
  · 设备故障预测
  · 设备维修规划
  · 设备设计验证
  · 设备状态远程监测
  · 数据可视化与集成

数字孪生应用

- 建筑
  · 施工进度监测
  · 施工人员安全管理
  · 建材监测与废物追踪
  · 施工现场设备效率优化
  · 建筑性能与质量评估
  · 建筑设计与运营优化

- 环境保护
  · 深林资源管理优化
  · 污水处理决策优化
  · 新能源运行优化与设备健康管理

- 铁路运输
  · 车站与铁路设计
  · 施工进度管理
  · 车队维护与调度
  · 列车准点运行与到发
  · 列车故障远程诊断
  · 决策优化

- 制造业
  · 产品设计、仿真验证
  · 工艺规划与仿真验证
  · 生产规划与执行
  · 质量管理追溯与工艺优化
  · 能效管理与优化
  · 设备管理、远程监测、预测性维护、虚拟巡检、AR检修

- 城市管理
  · 城市分析与规划
  · 动态事件实时优化
  · 灾害模拟与影响预测
  · 科学研究与虚拟实验
  · 交通路线优化

- 其他行业
  · 农业:农作物与牲畜监测管理
  · 文化:物质文化遗产数字化建设
  · 教育:物理设备与场景模拟
  · 信息安全:私有数据保护
  · ……

图 3-13 数字孪生的应用全景图

3）实时模型数字化

数字孪生要求数字化，即以一种计算机可识别和处理的方式管理数据，以对随时间轴变化的物理实体进行表征。表征的对象包括外观、状态、属性、内在机理，以及形成物理实体实时状态的数字虚体映射。

4）保真性

数字孪生的保真性是指描述数字虚体模型和物理实体的接近性。要求虚体模型和物理实体不仅要保持几何结构的高度仿真，在状态、相态和时态上也要仿真。值得一提的是，在不同的数字孪生场景下，同一数字虚体的仿真程度可能不同。例如，工况场景中可能只要求描述虚体的物理性质，并不需要关注化学结构细节。

5）闭环性

数字孪生中的数字虚体用于描述物理实体的可视化模型和内在机理，以便于对物理实体的状态数据进行监视、分析推理、优化工艺参数和运行参数，实现决策功能，即赋予数字虚体和物理实体一个大脑。因此，数字孪生具有闭环性。

3.8.2 数字孪生在建筑上的价值体现

将数字孪生应用于建筑，如利用物理建筑模型，使用各种传感器全方位获取数据，在虚拟空间中完成映射，以反映相对应的实体建筑的全生命周期过程，可以带来以下几个好处。

1. 引领全新体验

数字孪生可借助高效可视化建模等技术，将建筑运行的大数据转化为无形资产，从而带来更多的价值，让排查设备信息更简单化。在能耗管理、设备运营维护、人员管理各环节中，提供愉悦的用户体验。同时协助运维人员快速调用和熟悉建筑内设备管线的信息，直观查看隐蔽工程，降低学习成本，提高维修、更新设备的工作效率。

2. 全生命周期闭环管理

应用数字孪生存储的不仅是当前的静态和动态数据，还包含了全生命周期的数据，如历史数据。对于设备而言，数字孪生不仅包含设备本身的设计数据、制造或安装过程中的数据，还有使用和维护过程的历史数据。把设备对象整个生命周期的数据集中起来统一管理，这样更加有利于数据的管理和复用。借助数字孪生，建筑管理方可以跨越时间段，系统地对大楼进行全生命周期的管理，包括交付、运营、维保等一系列关联过程。

3. 仿真预警及优化

数字孪生的仿真不同于传统的仿真模型控制优化，处置策略一般要复杂得多，也不一定有预案，这可能是由人类专家根据当时的情况临时想出来的。但借助虚拟交互和仿真环境，可以调出数字孪生的信息加以分析、推理、验证，并根据产生的洞察结果反馈至物理资产和数字流程，形成数字孪生的落地闭环，从而提高产品研发的水平。

而且由于数字孪生将各方的信息数据都拉通在一起，以往在优化时需要解决的跨越空间、跨越部门的碎片化难题也可以得到有效解决。数字孪生把能够准备的数据都准备好了，从而降低持续改进的工作量，尤其是数据整理的工作量。

4. 加速资产增值

2020年，新基建浪潮和疫情防控的需求，产生了对建筑、园区乃至城市进行精细化管理的呼声更加强烈。借助数字孪生，智慧建筑开始加速创变，从建设实施向整体精细运营转变。基于数字孪生的平台技术，让整个建筑的所有数字孪生体，作为一种高维资产，通过不断流转、使用以及二次开发，实现数字孪生资产不断增值的良性闭环。这就成为众多楼宇数字化的共同思路。数字孪生通过持续跟踪了解资产的状态，可及时对变化做出响应，加速业务运营改善的效率，给运营者打开持续增加资产价值的通道。

从某个方面来看，数字孪生可以认为是大数据、云计算、物联网、人工智能等新一代信息技术的融合，通过虚实融合、仿真预测和领域知识融合等技术，综合利用建筑全信息、全要素，形成"数据感知—实时分析—智能决策—精准执行"的实时智能闭环，为建筑的使用者提供更加实时、高效、智能的服务。

数字孪生是连接物理真实世界和数字虚拟世界的关键桥梁，也是推动实现企业数字化转型的重要抓手。借助数字孪生技术，在虚拟世界中通过在线化、数字化地完成业务过程，用数据驱动业务，最终再将结果反馈、落实到现实世界的载体上。这也是由信息化演进到数字化甚至向智能化迈进的方向。

第4章
当前建筑智慧化发展的困境及破解之法

随着我国经济结构的调整,新型城镇化建设进程加快,我国建筑业发展迅速。据调查显示,截至 2021 年年底,我国建筑业总产值已超过 29 万亿元,比上年增长 11%,总建筑面积超过 650 亿平方米。建筑业产值的持续增长推动了建筑智慧化行业的发展,未来智慧建筑市场的年增长率将会高于传统建筑市场,保守估计每年增长约 15% 以上。国内已建成的具有一定程度的智慧化功能建筑超过千座,用于智慧建筑化的投资比重在逐年增加。据了解,我国智慧建筑行业市场规模已超过 1000 亿元。

随着智慧建筑市场的迅速扩大,建筑智慧技术也在不断成熟,但仍暴露出不少现实运行中的问题。

(1) 控制系统的核心产品国产化率低,运行效果不理想。

当前智慧建筑所采用的楼宇自动化控制(BA)系统、相关产品等大多来自江森自控、西门子、霍尼韦尔等国外企业,国内的建筑企业只提供行业上下游等边缘的产品或服务,控制系统的核心产品国产化率极低。由于系统复杂和国外技术封锁等问题,我国智慧建筑系统的正常运行率偏低,带来了较高的安全隐患。

(2)节能技术缺少创新,高能耗建筑仍占高比例。

虽然智慧建筑节能技术发展迅速,但在实际运行层面仍存在诸多问题。例如,有的开发商在智慧建筑建造期间,考虑成本因素,忽略了节能因素或者是不愿意采用节能新技术,常常会用普通材料代替节能环保材料,这导致未来在建筑的使用过程中将增加过多的能耗,并造成环境污染。数据显示,我国建筑能耗占社会总能耗的60%以上,其中空调能耗约占总建筑能耗的65%,照明能耗约占总建筑能耗的10%,电梯、家用电器等能耗约占建筑总能耗的10%,大多数的建筑都是高能耗建筑,这既不能满足当前国家对绿色低碳节能的要求,又无法给用户带来良好的用户体验。

(3)应用系统缺少安全管控,智慧化设备难以实现互联互通等一系列问题。

智慧建筑的发展仍相对独立,各智慧建筑中的独立设备以及各子系统间无法实现互联互通。我国智慧建筑各系统之间都是分散独立存在的,缺少总体布局和顶层设计,难以对不同的智慧建筑进行综合管理。此外,我国智慧建筑本身虽然涵盖了诸多子系统,但是大多数子系统之间仍处于独立运行的状态,无法达到集成的目的,因此智慧化程度较低,仍需要消耗过多的人力成本。

综上所述,国产化率低目前是硬伤,不过可以看到,随着国家对工业4.0的重视和对新制造业不断加大投入,楼宇自动化控制系统的本土品牌一定会越来越多,行业未来的前景也是可预期的。节能创新、健康环保、用户体验以及真正高效的融合集成,也都有相应的解决对策。下面我们重点分析造成这些问题的根源和破解方法。

4.1 缺少标准

4.1.1 困境现状

无规矩不成方圆,缺少约定标准就无法做成事。智慧建筑行业面临的一大挑战也正是缺少相关的标准。以往的智能建筑为何仍旧存在各系统彼此割裂,难以互联互通等问题是由多种原因造成的。

一方面，横向从规划、设计到实施、运营，各个环节其实都不能说没有一定的标准，但从"全局一盘棋"的角度来看，目前建筑行业确实缺少一个全过程的规范标准。如对于施工总包、分包方而言，设计院的设计产出物并不是按施工、安装的标准要求创建的，这就使得施工方无法直接使用，所以有时施工方会拿着设计院的图纸再找公司按自己的要求重新设计。导致这种问题的原因是因为设计、施工被人为分割为不同阶段，设计阶段不知道施工方的信息，自然设计院一开始也就无法按施工方的标准来设计了。这种信息的不规范、不一致，导致在阶段过程上无法上下打通。所以缺少规范标准是建筑业往智慧化转型所面临的一大障碍。

另一方面，纵向来看，就算作为智慧化实施集成方，也面临着采购接入各类系统/设备属于不同的厂商、品牌的问题，各厂商品牌使用的是各自的协议标准，彼此难以适配和共享。之所以存在各家各样的现象，也是因为缺少行业的统一标准和信息化标准规范体系，各方就依照自己对行业的了解去开发，建设各自的系统。系统之间不能互联互通，数据不能共享，数据多方录入，来源不一，各系统间的数据往往不一致，造成了对数据不能进行有效的统计分析，对公司决策不能提供有效的数据支撑。无法有效使用的数据即使再多也是死数据。智慧建筑如果不能解决数据有效使用的问题，后续的任何改进、优化、新价值创造都无法落实。

4.1.2 解决对策

宏观方面，国家主管部门、行业协会等行业部门需要牵头做好总体规划和建设标准，对于建筑业整体发展所需的具体实施方案和统一标准做出更细致明确的说明，这样行业各方才可以有准可依。同时需要打破碎片化的工程模式，出台一系列的引导政策，将建筑业转型为制造业。这其实也相应导致一系列创新模式的出现，例如：

- 将建筑业碎片化的生产模式转型为制造业的一体化生产模式（装配式建筑）；

- 将建筑业碎片化的组织模式转型为制造业的一体化组织模式，即规划、设计、采购、工程总承包模式（EPC）；

- 将建筑业碎片化的管理模式转型为制造业的一体化管理模式数字化（数字化运营）。

企业层面，在规划设计、采购相关厂商设备时，需做好相关工作的调研工作，对相应的规格要求要尽量清晰，避免模棱两可的说法，同时尽量考虑有扩展性和符合市场趋势的产品方案，如采用满足主流开发通用框架或参考体系结构的产品，以促进互通，打破互操作的障碍。

至少从短期来看，政策和市场上还不会出现一种标准一统天下的局面，所以就需要做好彼此共存、相互集成的长久打算。另外，行业参与方也可多从自身出发，通过数字化技术手段提高自己在建筑全过程中的能力，多做横向信息的拉通，减少过程的碎片化，避免闭门造车的情况出现。

4.2 监管乏力，管理粗放

4.2.1 困境现状

管理粗放的反面是管理的精细化。精细化是以专业化、职业化、制度化为前提的，是随着社会进步和个性化追求不断上升后的必然要求。

- 专业化代表了组织结构要适应转型的新形势，职责分工明晰高效，"让专业的人做专业的事"。
- 职业化代表了需组建形成高质量的人才团队。现在建筑智慧化很大的一个问题就是人才梯队不足。在国内，由于数字化建设时间较短，技术创新人才严重短缺，特别是高级专业技术人才和既懂技术又熟悉业务的复合型人才短缺，使得开发的管理系统难以与期望的数字化运营要求结合起来，影响了数字化平台的运行质量和效率。
- 制度化代表了管理理念上的转变。要将管理的对象逐一分解，量化为具体的数字、程序、责任，使每一项工作内容都能看得见、摸得着、说得准，使每一个问题都有专人负责，而不是找不到人。在这方面，国内很多建筑项目的管理团队和海外同行还有不小的差距，无论是严格执行制度还是准确计量数据、衔接工作方面，合规性、权威性都有所欠缺。

管理乏力或者过于粗放，都会让整个智慧建筑的效果大打折扣，这就像木桶效应所说明的道理，木桶能装下多少水，完全取决于最短的那一块板。同理，建筑的智慧化成果也是和管理的颗粒度息息相关的。技术再先进，建设上投入再多，管理上却是放羊式的，那么最后的结果可能就会和预期相差甚远。

4.2.2 解决对策

监管是为了更好的发展和更多的收益，要打破粗放型的管理方式，树立"精细化管理"新风范，重点要做到精、准、细、严四要点，以及规范系统执行、量化数据依据、培养专业团队三条关键措施。

1. 精准细严四要点

1）精

精是指做精，精益求精，追求最好，不仅把产品做精，也把服务和管理工作做到极致。

2）准

准是指准确的信息与精准的决策，准确的数据与计量，准确的时间衔接和正确的工作方法。

3）细

细是指工作要做细化分工，管理也要细化，特别是执行更要细化。

4）严

严是指严格控制偏差，严格执行标准和制度。

2. 三条关键措施

1）规范系统执行

管理是一门学科。好的管理可以规划好每一分钱，赚到可以赚到的每一分钱，让企业健康稳定发展。深入且规范的系统管理和照章行事，能够在执行的过程中最大限度地减少管理所占用的资源，实现管理成本的减少。实行刚性的制度，规范人的行为，强化责任的落实，以形成优良的执行文化，是精细化管理的核心。

2）量化数据依据

用数据说话，用具体、明确的量化标准取代笼统、模糊的管理要求，把抽象的战略决策转化为具体的、明确的发展举措，是实现智慧效果最佳化的重要条件。

3）培养专业团队

再好的智慧化工具/系统，也是为使用者服务的。建筑智慧化的效果有赖于运营、运维人员的专业能力和运维水平，而我国建筑管理人员专业知识水平相对较低。这就需要定期对人员进行专业培训，通过不断学习，提高人员的知识水平和管理能力。

"精细化管理"是一种理念、一种文化，也是一个过程。它明确了建筑管理的方向。在实践中，它又是提高企业经营管理水平的重要途径和方法，体现了建筑管理的过程性、渐进性。其核心在于，实行刚性的制度，规范人的行为，强化责任的落实，以形成优良的执行文化。

4.3 以管代智，重建设轻运营

管理和服务代表了两种工作方式，管理是对内的，追求的是效率；服务是对外的，追求的是盈利。建设和运营则是一个过程的两个阶段，上半场是建设，下半场是运营。

4.3.1 困境现状

建设与运营，管理与服务，都是不可或缺的。但是当前有很多建筑智慧化项目恰恰在这方面做得不够好。长期以来的经营管理模式，让众多地产项目成了建设时热火朝天，交付时无人问津的二流工程，虽然在规划之初，有明确的建设资本性支出（CAPEX）和运营费用（OPEX）两个类别，不过具体做工程项目时，却又是另一番景象。这和建筑建设涉及团队众多、过程交叉烦琐的现状脱不了干系，也和缺少验收评估相关标准有关。实施交付团队以部署调试为终点，业主在验收单上签字为目标，而不会过多考虑后面的运营、维护如何开展，这是因为没有利益相关性。

建设是形象工程，运营是隐形业绩，重基建的传统发展模式带来的"重建设，轻运营"的工作方式需要做出改变，这样才能满足大数据、AI 技术等快速发展的建筑新时代。

4.3.2　解决对策

用基于数据驱动的业务决策来代替传统流程驱动的管理方式，如图 4-1 所示。

图 4-1　数据驱动和流程驱动

在流程驱动的世界中，流程是最重要的，这就使得很多时候会陷入为了正确的流程而制定流程，却忘记了流程本身的意义所在。例如，要将一个业务流、价值流拆成几个流程，由多个组织实现，就需要定义清楚各自的责任、权利和分工界面，从事情本质来讲，其本身可能就是一体的、不可分的，然而总会有一些灰色的模糊地带，这就带来了流程分工中的困难点。

而且流程是一种预定路径的管理方式，因此不可能偏离此预定路径。如果执行的任务不符合此预定路径，即发生规则之外的情况，就必须有人的干预并接管。另外，在流程驱动下，虽然也有数据，但数据的集成、流转和应用等协同需要结合表单、图纸、文档或模型等数据表现形式来实现。流程和表单也会对数据造成人为割裂，导致形成信息孤岛，从而给产品数据的生命周期变更带来麻烦。

而数据驱动是未先验的，它的过程是由数据和上下游一起指导的，这使得数据驱动可以处理更复杂的流程。与流程驱动的自动化相比，数据驱动可以在多个系统和数据孤岛中更快、更准确地实现自动化。在数据驱动下，由于数据的状态可以描述出业务流程的状态并驱动业务流程执行，所以不需要再次通过流程或表单等额外方式来告知数据如何流转或应用等协同，当然也就不会造成"中断"状态。即任何数据状态的更新都不需要通过流程来实现"被动"协同，而是业务人员可以通过丰富的手段来"主动"获取最新的数据状态；所有数据也不一定通过表单整合来传递，减少了表单造成的数据割裂情况。

流程驱动管理和数据驱动管理的差异如图4-2所示。

- 流程驱动管理，流程是主体，数据是附属。
- 数据驱动管理，数据是主体，流程是附属。

流程驱动可以说是管理智慧的结晶，也是企业信息化提升的有力抓手。企业目前的经营模式还是主要依赖于流程和专家，重在因果分析，能够快速有力地解决看得见的问题。传统生产依靠人的知识和经验驱动生产系统，这会导致系统复杂后，人的短板就显现出来了，不擅长多维信息的精细量化分析，而且人的知识和经验很难被高效和规模化利用。

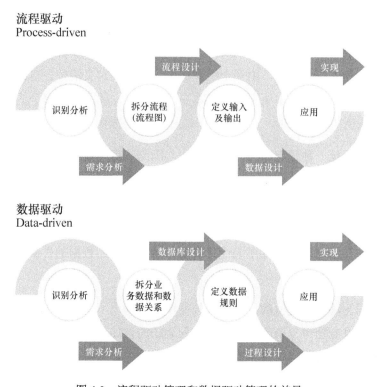

图 4-2　流程驱动管理和数据驱动管理的差异

在数据驱动的运营模式下，数据的特性将产生很大的变化：在时间维度上变得实时，在空间维度上变得精细，在价值维度上变得智能。数据反馈的速度正在趋于实时，并细化到每个客户、员工、流程等，而这一切在未来都将以智慧化的形式自动呈现。数据驱动才是未来数字化转型成功与否的关键。

4.4　项目式建设欠缺平台化思维

4.4.1　困境现状

做项目还是做产品，这也是很多建筑建设方始终纠结的。按照业主提出的需求，为业主提供解决方案，这是项目的做法。而通过业主调研、市场分析，发现需求，然后去做一个好的产品，让业主用该产品解决自身的难题，这便是产品的做法。

一般来说，产品大多具有通用性，项目则具有针对性。那么以往的很多建筑建设为何都变成了项目方式？首先，地产工程中，客户来自各行各业，业态不同，面向的管理团队不一样，导致需求的差异化很大，而在建筑项目招标时，因为客户提出的要求往往是发散的、弱逻辑的、非系统的，并没有办法在市场上匹配到相应的产品团队来满足其需求，加之时间周期有限，所以客户和承建商最后存在很大可能性会达成默契，先按项目来做，因为项目管理只用为本次项目负责，即使项目过程中客户再有需求变动，通过管理手段这些风险也可以掌控。

另外，之前的建筑智慧化服务商常常话语权不够，客户永远是对的，开发就必须按客户的要求做，这是比较常见的心理，从而导致智慧化服务商逐渐沦为执行角色，就更没有办法去按产品的逻辑方式去设计和实施建筑项目了。

建筑项目周期本来就很长，项目执行中的变数又比较多，对于阶段上的时间要求就更为敏感，如果按产品的方式，从前期规划、计划、上线、上市、退市都需要全程掌握，周期就会相对拉得较长，这对于只看结果的客户来说未必了解，这一因素也导致项目建设方倾向于用项目建设来代替产品建设。

4.4.2 解决对策

和产品建设相配套的是平台化思维。不同于重心在交付输出上的项目思维，产品思维一样强调时间观念，需要在计划截止日期前完成指定的工作。不过产品思维更注重的是结果，所以在面对计划的不确定性和需求问题频繁变动时，产品的方式会更为合适，只需要专注努力去实现结果，去适应并仍朝着预期的结果努力即可，而不会陷入麻烦的计划重新编排修订中。

建筑项目上之所以创新过少、优化有限，很大程度上也是因为把这件事当成项目来做，交付就交付了，交付后的实际最终结果并不是那么重要。一旦我们换用平台化产品的思路去思考，就会发现想象空间是巨大的。

平台化思路是一种开放、共享、共赢的思维方式。你所做的产品不只关系到自己一方，无论是产品本身还是通过产品构建过程中形成的底层共性功能块，都可以转化为一种资源，给其他相关方去使用，搭建能满足更多需求的产品。同时，平台还利于经验的复制，在某一个建筑项目上经过打磨发现好的做法可以低成本、高效地迁移到新项目上，而不用像之前的项目模式，从头做起。项目、产品、平台的关系如图4-3所示。

图4-3　项目、产品、平台的关系

平台化产品可以带来几大优势。

- 避免重复性技术研究，节约人力成本。通过把共性问题提炼出来，统一处理，避免每个项目都独自去解决所遇到的各种难题，有效地把精力释放出来，投入到业务中。

- 标准化技术规范，提升产品项目质量。通过平台采用统一的开发框架，在技术栈、技术组件、技术实现方案，甚至代码规范上就能形成标准化的技术输出模式，标准化所带来的最大效果不仅使开发效率得到快速提升，还可以使产品的质量大幅提升。

- 进行技术沉淀，提升公司整体技术能力。从技术层面来讲，形成公司级别的统一开发框架，形成持续的技术积累，有利于公司整体技术水平的提升。以往以项目制为导向的技术团队，一般都会以实现业务需求为最重要的目标，技术只不过是完成业务的一种工具而已。基于此，业务开发团队就不可能把技术积累作为一项重要的工作。另外，项目制还会造成整个项目严重依赖于某几个核心成员，导致风险增加。

平台或中台，都是为了解决业务多样化的问题而存在的。多业务必然会产生复杂多变的业务场景，从而衍生出多样化的定制需求。对于平台而言，将定制中的共性特性化为平台能力，融进平台并通用化，确保平台配置实现最大兼容性和复用性,同时用平台配置设计实现定制化。这就实现了平台能力统一性和业务需求多样性的共融。

4.5 系统集成而非集成化系统

在智慧建筑项目中为了将很多特定专业、独立背景的系统打通,往往需要有弱电智慧化集成这份工作,建筑智慧化的系统集成如图4-4所示。

图4-4 建筑智慧化的系统集成

建筑智慧化的系统集成理念来自IT信息系统行业,这也算是IT行业对传统OT行业逐步渗透的一小步。不过系统集成的关键是解决不同子系统在物理上、逻辑上和功能上的互联,实现信息的综合共享。它的出发点是协议数据的打通,如楼宇自动化控制(BA)系统使用的智慧建筑的通信协议(BACnet),安全防范自动化(SA)使用的OPC/Modbus协议,这些协议彼此差异化强,在系统集成这个层面就需要做到数据的打通,实现对多种信息的集成和综合处理,使建筑具有全局事务的处理能力,以及集中监视、控制、管理的功能。这种集成更多的是系统接口的对接，通过一套集中式的管理系统将原来各个分离子系统集成在一起，在一个统一的平台上进行管理。

4.5.1 困境现状

目前，系统集成存在的问题如下。

- 信息不一致。被集成系统通过接口对接的数据，分布在了不同的子系统当中，这些数据不仅协议有区分，信息质量方面也大不相同，甚至还包括一些现有的异构数据库，这些数据信息之间形成了相互隔离的现象，造成信息之间的相互冲突和重复。在这种情况下，如果在系统集成过程中，只是将分散的各种信息在一定的情况下实现重新集合，放到一个集中的地方（平台）去使用，则效果不一定理想。
- 数据资源的利用低下。系统集成既属于一种知识密集型项目，同时也属于一种劳动密集型项目，如果将各子系统都通过集成的模式拉到一起来管理，那么看起来便利了管理者，但其实故障问题的排除、领域建模的难度都上了一个新台阶。因为各个专业子系统都有自己的行业特色，所以要在一个地方统一来描述、呈现、管理，无疑对集成的工作提出了非常大的挑战。但目前从事这部分工作的从业人员的行业能力是没办法满足跨多学科要求的，唯一的结果就是即使在一个管理界面，所建立的业务模型也属于低水准的，这就造成数据使用上的浪费和低效。
- 集成也是一种集中，如果没有好的应对措施，就会让局部范围的问题或风险扩散影响到其他系统，增加整个大系统的不稳定性。

4.5.2 解决对策

提倡系统集成（SoS）而非集成化系统的方式。

智慧建筑从本质上讲，就是一个集纳多种现代科学技术的载体，本身就是一个系统化工程，不仅要用系统工程方法设计、开发，而且要用系统工程方法进行系统集成。

集成化系统依赖于小系统之间的互相协调与合作。尤其小系统之间的信息交换是发挥 SoS 整体效果的基础。SoS 的特性包括：个别系统可独立运作与管理、可分布于不同的地理位置、可各自成长，一旦联结起来，就会呈现出整体的特殊效果。SoS 的五大特征如图 4-5 所示。

- 运行分散：个别系统脱离了整体之后，它也具有独立运作的能力。
- 管理分散：个别系统具有自治能力，它的独立行为与整体行为并无关联。
- 时间分散：系统演进是沿时间线发展的，初态和过程共同影响终态。
- 结构分散：系统具有分层涌现的独立行为，一旦联结起来，就会呈现出整体行为。
- 部署分散：分布位置各不相同，但会互相沟通与合作。

图 4-5　SoS 的五大特征

可见，集成化系统强调的是在特定情境下，一个由多个分散自主系统组成的更大、更复杂的系统，其组成要素可以相互作用、相互关联、相互依赖，形成了一个复杂、一致的整体。

集成化系统的核心思想：采用系统思想，运用整体论方法，通过分析每一个小系统如何运行、交互和使用，进而从一个大系统中获取最大价值。通过软件中间件联通大系统的自主组成要素，避免组成要素在大系统内竞争子任务。

在建筑智慧化建设过程中，设计方和管理者也需要应用集成化系统方法。从了解各个子系统出发，对其做深入细致的分析，同时横向看待该系统在整个管理中的角色地位，既能保持子系统的独立性，又能使得各系统之间的配合更有效。SoS 思维观察复杂系统时要求基于多重观点来观察多个子系统，考虑彼此间的联系和自身的自治功能，这样可避免将子系统各自规划、设计和构建，从而产生类似信息孤岛的严重问题。

SoS 是一种相对适合建筑这类分散控制、集中管理场景的方法论。这类分散控制系统采用就地控制分散、操作管理集中的基本设计思想，采用多层分级、合作自治的结构形式。每一级由若干子系统组成，每一个子系统又实现若干特定的有限目标。

传统的分散控制系统以"分散"作为关键字。但现代随着信息化、数字化、智慧化的发展要求，使用者更着重于全系统数据的综合管理，所以"集中"又将成为其关键词，而这也是 SoS 所倡导的，向底层实时控制、优化控制，中层生产调度、经营管理，高层战略决策等综合智慧的方向发展，形成一个具有柔性、高度自动化的建筑生态系统。

| 第 5 章 |

建筑智慧化的底层逻辑思考

建筑智慧化的本质是什么？

智慧一词的本源来自佛教，佛经《大乘义章》中讲：照见曰智，解了称慧。智与慧都是认知意识，但又不是一个层次的，大体而言，看清事情的现象叫作智；了解事物的真实因果叫作慧。所以，既能了解现象也能洞悉因果关系，才称为智慧。

以往的很多智能建筑项目，做到了智的层次，了解现象并做出了解决措施，但远未达到慧的要求，即对现象的根源，刨根问底做更细腻的剖析，甚至形成预判等。为了达到这一要求，我们就需要摸清建筑智慧化的本质是什么。

（1）智慧化是一种主观的赋能。不同于早期的自动化，系统根据自身结构和功能，对输入的物质、能量和信息做出有限的自动反应。建筑自动化所做出的反应是客观的、被动的、无意识的，无须经过系统的决策中枢处理，如常用的自动温度控制、集水坑液压调节等。拿人体来做比喻，这类行为似膝跳反射，是由自主神经系统操控的，不用思考它就自然调节了。智慧化可以对外部环境做出主动的、有意识的反应。这种反应一般都是经由系统决策中枢发出的，受控于中枢神经。

另外，自动化只是在局部范围内，设计好的协调和控制，依赖于专家系统，目的是为了把人从繁重的体力劳动、部分脑力劳动，以及恶劣、危险的工作环境中解放出来。自动化相当于扩展人的器官功能，增强人类认识世界和改造世界的能力。智慧化则带有自我适应和学习的能力，是从对外的感官能力升级到对内的记忆思维能力的象征。

智慧化的几个层级特征如下。

首先，智慧化的主体仍需要具备感知外部世界、获取外部信息的能力，这是产生智慧活动的充要条件。（感知末端）

其次，智慧化的主体需具有记忆和思维能力，也就是能够存储感知的外部信息和由思维产生的知识，同时能够利用已有的知识对获取的信息进行分析、计算、比较、判断、联想、决策。（数据分析+专家决策）

再次，智慧化的主体还需具有学习能力和自适应能力，可通过与环境的相互作用，不断学习积累知识，使自己能够适应环境变化。（AI 能力）

最后，智慧化的主体还要具备对外界变化做出相应反应，让适应性转化为执行力，虚实交互的能力。智慧化要求具备自我适应性，这是一种积极、主观的对外赋能反馈，这种反馈来自带 AI 学习能力的决策中枢，并转化为执行力来改变现实世界。（反馈能力）

这几个层级的特征如图 5-1 所示。

图 5-1 智慧化的几个层级的特征

（2）智慧化是一种分享积聚经济。仅能在小范围内体现优势的不能称其为智慧。智慧只有普惠到大众，建筑智慧化才真正有价值。目前强调的全场景也是这个意思，"全场景智慧"是面向建筑，通过 5G、云计算、AI 智能等新技术与行业传统知识做深度融合，让传统经验产生新的裂变效应，创造新业务，提升用户体验。全场景可以覆盖不同受众人群、不同流程环节部门、不同建筑业态，将知识、经验、积累从专家手中传递给普通用户。

打个比方，在传统建筑业态中只有专业运营团队才可以管理室内照度、环境舒适度，现在通过移动手段，建筑的普通用户也可以反馈和达到自己的诉求。普通用户甚至无须提出明确的控制要求，类似运营人员那样实施将某号水机出水温度调高到多少度，可以通过智慧化中枢，决策下达相应的执行操作指令，最终达到想要的效果。

一切联网在线后，数据的使用对于大家更为平等，以网络唯一身份为基础的互信体制在很大程度上改善了资源配置，打破了专业壁垒，实现了建筑服务资源的共享，使得经济性和个性化达到平衡，让每个用户都可以享受到互联网、大数据、人工智能等新科技带给建筑的便利性。

同时，更多的用户在和建筑发生互动时，既享受了相应的服务，也带动了建筑数据的沉淀和洞察的深度发展，智慧建筑的未来想象空间变得愈加开阔。

基于智慧化的这两条根源，下面我们依次介绍几点底层逻辑的思考。

5.1 数字化实质

数字化是智慧化的基础，但数字化并不等于数据化。"数据化"是指一种把现象转变为可制表分析的量化形式的过程；而"数字化"是一个含义广泛的商业概念，代表将数字技术整合到运营流程、产品设计、解决方案与客户互动的各个环节，推动业务创新的一组战略。数据化只是数字化进程中的一个步骤。

数字化需要数据化。数据代表对某一件事物的描述，通过记录、分析、重组数据，实现对业务的指导。数据化最直观的就是企业各式各样的报表和报告。数据化是将数字化的信息进行条理化，通过智能分析、多维分析、查询回溯，为决策提供有力的数据支撑，这些都构成了数字化的目标。一切业务数据化就是为了将业务信息以数据可分析、可创新的方式呈现，然后更方便开展业务。

数据化不能代表数字化的全部，因为数字化的背后是资源配置的调整、组织体系的重构、商业模式的变化等一系列配套活动，这些不全是数据，也无法在表格中量化。数据化的目的是为了助力人们思考。未来的竞争是以数字化为特征的科技竞争，以数据分析为切入点，通过数据发现问题、分析问题、解决问题，打破传统的经验驱动决策的方式，实现科学决策。数字化并不是对企业以往的信息化推倒重来，而是需要整合优化以往的企业信息化系统，在整合优化的基础上，提升管理和运营水平，用新的技术手段提升企业新的技术能力，以支撑企业适应数字化转型变化带来的新要求。

下面讲解数字化的几个核心特征。

5.1.1 信息能量进化

数字化包括六个核心步骤，分别是获取信息、表达信息、存储信息、传送信息、处理信息和交付信息，这六个步骤缺一不可，如图5-2所示。

- 获取信息，是指对某个自然现象或社会现象，弄清楚数据源是什么，数据从哪里来，如何产生。

- 表达信息，是指用某一种简洁的，可以用来计算的表达方法来描述数据。这里是数据的定义和描述，如数据的指标定义、公式定义。

- 存储信息，是指将表达好的信息存储在某一种物理媒体上，如建立数据存储机制，按照一定的存储规则建立数据仓库、数据湖和数据中心，进行数据存储。

- 传送信息，是指某一种传送机制来传送信息，将数据从数据源传送到数据存储系统。

- 处理信息，是数字化最核心的步骤，指通过计算的方法来进行有针对性的处理，如针对某个任务，针对人们的某个需求进行处理。

- 交付信息，是指将处理好的信息交付给某个特定终端，如显示屏幕。

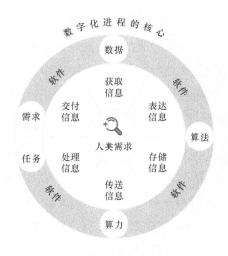

图 5-2 数字化的六个核心步骤

人类在过去的历史上其实也在不断地做数字化，只不过采用了不同的方法，如用纸张作为媒体，用人进行信息采集或处理，用笔和纸来记录信息。数字化是人类社会发展中势不可挡的浪潮，是用科技推动人类社会进步的重要途径。通过将某一自然现象或社会现象和关于该现象的信息抽取分离，对该信息进行有效的保存和传送，针对某项任务，对信息进行高效计算，获取知识，解决任务，最后交付，重新回到具体的应用场景。

数字化的核心在于信息的获取、表达、存储、传送、处理和交付，它将现实中的现象或物体用信息抽离出来，让信息在某种新的媒体上，以不同的形式表达出来，用一种高效的计算方法处理信息，形成可获取的知识。

从能量和信息两个维度来看待技术发展，第一次工业革命和第二次工业革命的重心是对能量的充分利用；第三次工业革命的重心是对信息的充分利用；而当前的第四次工业革命则是综合利用信息及其能力，这时，人类可改造世界的能力比前三次工业革命大大增强。当信息和能量聚集到一定程度时，就会发生技术大爆发，从而引发新的工业革命。而工业革命可以解放大量人力，让人类获取能量的效率再一次显著提高。

人类社会发展的每一次飞跃，都源于能量利用水平的升级。每一次的工业革命，核心都是新动力的使用——从人力、畜力，蒸汽动力、电力，再到现在的原子能和各种清洁能源，人类的能源利用发展在不断加速。能量的运行遵从一定的法则，这个法则就是信息。信息也可以转化为知识。一种有效的可以解决多种任务的表达方法就是知识，而知识是一种潜在的能量。所以科技发展，其实就是不断解码信息的过程，进而通过信息生成能量。

能量可以说是生产力的度量，衡量人类文明水平的标志就是我们掌握能量的多少。在农业时代，能量主要表现为太阳能，借助土地转化成为农作物。在工业时代，人类开始能源变革，使用煤炭、石油等化石能源，借助蒸汽机、电、计算机依次实现工业 1.0、工业 2.0、工业 3.0 的能源转换。每一次新的能量获取以及新的能量使用方式，都催生新的产业。第四次工业革命则借助数据和机器智能，实现能量获取和新的能量使用。这里的数据代表了信息，所以第四次工业革命其实是信息和能量深度融合的技术革命。

当今世界，信息已经呈爆炸式增长，海量数据对存储和计算都提出了更高的要求，这也意味着科技的发展会不断加速，曾经几个世纪才能产生的成就，在大量信息的推动下，现在可能几十年就可以完成。但这一切都要以信息互通、发展成果共享为前提。

5.1.2 连接、共生、当下

数字化表现为三个特征，一是连接，二是共生，三是当下。

连接大于拥有。工业时代的典型思维是强调所有权，而在数字化时代，随着连接的便利性、产品的迭代加快，使得依靠保留客户忠诚度的营销方式成为过去。新的时代依靠的是数字竞争、深度数据收集和先进的数据分析，让客户能在正确的时间享受到正确的产品和服务。连接意味着和客户建立持久与健康的关系,形成深入的互动和协作,通过互动获得洞察,进而针对用户的反馈进行个性化服务。提升用户体验,提供卓越的客户服务,是保障建筑数字化企业事业常青的第一原则。如今的商业环境,必须尽快发布产品,否则就无法获得用户甚至会迅速失去用户。因为数字技术降低了买家了解和评估新产品的成本,通过社交媒体和其他数字渠道的扩散,信息的成本已经大大降低,从而使得消费者可以迅速而有效地评估潜在的消费品。用户口碑比品牌营销更有传播效果,任何想拥有产品的人都会在第一时间购买,而所期待的其他客户则永远不会出现。数字化让企业能够重塑自己,用数字技术和商业模式的组合创造更快、更好、更便宜的产品和服务。

共生不仅是指现实世界与数字世界的融合,还预示着网络中合作伙伴的密切合作。通过包容开放的生态方式进行创新,可以将更广泛的利益相关者包含进来。遵循共生战略的生态系统可以获得更快的增长和更高的利润,从而使整个网络的价值最优而不是局部节点的利益最大化。通过适当的利益共享,建筑数字化行业的产业合作伙伴共同建造公平的竞争环境,让用户和企业多参与技术进步。而且共生也是应对未来大规模颠覆风险的重要手段。未来的颠覆分为"挤压式颠覆"和"大爆炸式颠覆"。大爆炸式颠覆是指那些骤然积聚大量能量,在短的时间窗口就推动新进入者迅速超越传统大厂的形态;而挤压式颠覆则持续时间更长,程度相对温和,不过这种颠覆却更常见,正在改变电信、公共事业、能源、工业等很多传统行业的状况。建筑行业的数字化转型也属于挤压式颠覆的形态。通过数字化使竞争环境更公平,结合云计算、大数据、人工智能、区块链等强大的新技术,让创业者能够更快研发出更好、更经济、更个性化的产品和服务。数字化很容易引发从未预见到的大规模创新步伐,如果固守舒适区洋洋自得,就无法看清未来竞争格局,导致被市场淘汰。

解决了与谁连接、如何连接的问题,再看何时连接。数字化时代,变化迭代动荡剧烈,这是因为过去和未来都浓缩在当下。立足当下,展望未来,眼下的产品和服务才是企业赖以成功的因素。旧的业务也不是完全抛弃,而要从中识别出增速放缓的原因,不能通过压缩旧有产品和服务的投资来加速挺进数字化未来,而应该适当延续和重启相应的投资,让其重拾升势。只要方法得当,就算是接近盈利能力尾声的业务,一样能迎来新生。对于代表未来的新兴业务，需要抓住时机加大投资配置，不过一样不能过度投资。面向未来展开投资是正确的，不过数字化大潮下产品生命周期和争夺顾客窗口的时间都在加速缩短，相对于这种不确定性，把握当下的现有业务才是关键。现有业务的数字化改造可以加速其业务增速到达顶峰。这就要求数字化的意识必须渗透进入企业经营活动的每个细胞之中，涵盖所有的业务环节和业务单元。因为今天的用户需求始终在不断发生变化，数字化就应该能够提供即时信息、倾听市场需求，并据此建立商业模式及快速响应市场的战略。这既超越典型的商业模式和财务损益，也超越传统的渠道组合，数字全面影响用户体验、数字技术及企业组织。这里包括各个环节的数字化，有产品和服务的数字化，有营销渠道的数字化，有组织和人才的数字化，甚至还有管理经营的数字化，其含义十分宽泛而且通用。

数字化并不是什么新兴的技术概念，而是一个含义广泛的商业概念，它已成为每个部门、每项业务不可或缺的一部分，影响着企业业务的方方面面，包括销售、营销、用户体验、客户服务、运营、财务、供应链、人力资源等。

5.1.3 技术推动创新

技术是数字化的核心驱动力，创新是数字化成功的必要条件。数字化转型，本质上就是用数字技术重构组织和业务，其关键不是用数字技术支撑业务，而是用数字技术重新做业务。在过去的三次工业革命中，技术都带来了生产力的革命，并带动了经济和社会的转型。在第四次工业革命中，数字技术依然是推动创新的核心驱动力。

技术驱动首先带动基础设施的升级，像 5G、云计算、大数据、物联网、人工智能等新技术的运用都属于这类数字化基础设施。数字化的一个重要目标就是推动创新，当传统业务遇到天花板时，思考技术如何和实业相结合，根植自身传统优势，用稳固的技术推动消除旧系统的技术债务不失为一个可行的方案。

传统产业数字基础设施薄弱，每一次旧系统的新功能添加，都是以不断增加的运营成本的累计作为代价的，而且随着时间的推移，这些打补丁的不同系统之间完成连接和更新，在技术和成本上都形成了巨大的挑战，非常不利于新的战略创新达成。那些成功进行了数字化转型的企业，往往就是先解决技术债务，用新技术完成基础设施升级的数字化领头羊。灵活稳固的基础设施有利于提升数据分析处理的能力，提升产业链供应链的现代化服务水平。

数字技术对于提升创新效率，改变创新方式和创新类型，拓展创新空间，通过五种机制来实现。

（1）随着在线支付、社交媒体、可穿戴设备等数字技术的日益普及，企业可以通过大数据技术对用户消费数据和行为数据进行更精准的分析，为企业创新提供更及时、更丰富、更有效的海量数据，从而使得企业可以更精准地掌握市场需求的变化，根据对用户需求的精准掌握推出更加个性化定制的创新产品。

（2）数字技术可以帮助企业更好地将用户纳入创新流程，使其成为企业创新的重要组成部分。例如，很多企业将基于互联网的用户生成内容（UGC）作为创新的重要来源。数字技术使得企业与用户之间的交互不再受到地理边界的影响，帮助企业在更大范围内将用户纳入其创新流程，加强与用户之间的深度交互及资源共享，从而提升创新能力。

（3）数字技术能够以多种形式融入企业原有组织体系，使得原材料或零部件的制造流程、产品的开发及生产流程、销售和交付流程等多个环节实现数字化，从而引发企业创新流程和组织体系的数字化变革，提升企业的创新能力。

（4）利用数字技术搭建创新平台，还可以赋能更多参与者参与创新流程。这样不但可以大幅拓展业务范围，还能激发更多创意涌现。

（5）数字技术与实体产品的深度融合，可以催生颠覆性的创新产品，让产业之间的界限变得模糊，如互联网企业跨界进入汽车、家电等传统产业，美的等传统企业也开始在自己的一些产品中加入数字化的智能模块，开发智能产品。

唯有不断创新才能最终实现以客户为中心的目标。数字化时代，客户需求和市场竞争环境的不确定性逐步增强，面对这种不确定性，只有抓住技术升级的机会，打造面向未来的新系统、新平台，才能为业务创新、组织创新和管理创新提供支撑。

5.2 建筑数据语义模型

建筑数据语义模型，针对的是数字化六步骤中的表达信息、存储信息。

数据模型是用于描绘、沟通数据需求的一组简单的、容易被人理解的，并且便于计算机实现的标准符号集合。没有数据模型，利益相关者很难看到现有数据库的结构、理解关键概念，当需要描述数据需求时，也很难准确地表达出来。

数据模型的几个重要原则如下。

（1）数据模型是一组符号集合。

数据模型不是等比例模拟出来的真实事物，而是一组能表达数据需求、数据结构的符号集合，通过符号表示实体之间的关系、基数或约束。

（2）数据模型是用来描绘、沟通数据需求的。

数据模型专门设计出来描绘数据需求，用以满足不同团队的人员之间进行无障碍交流与沟通，它相当于一个协作图纸。

（3）数据模型是简单易懂、标准的。

数据模型必须足够标准并且简单易懂，这样才能方便让人们实现快速沟通，而不需要浪费时间去探讨建模用的符号是什么意思。

（4）数据模型是便于计算机实现的。

数据模型从一个抽象层次描述数据的静态特征、动态行为和约束条件，最终需要能通过技术实现转化成被计算机理解的程序语言，所以在设计数据模型时，将便于计算机实现作为设计的原则之一。

智慧建筑是一个多场景的应用范畴，数据会来自多种多样、千差万别的数据源，这些不同的数据需要转化为单一的数据模型，这样数据使用方才能够实时获得同一数据,根据自己需求提取相应的数据。这种单一的数据来源可以加速推动设计和生产。单一的数据来源设计可以推动包括仿真在内的多学科工程并可以通过高级相似度搜索功能实现零件的再利用,从而加速产品生产的周期。单一的生产和运维数据可以使产品需求和项目跟踪更容易,实现对产品更好的评估。

数据模型是业务和数据对齐的地方。想要释放数据价值就需要做合适的模型,然后才能与技术和业务利益相关者共享信息。如果做得正确的话,数据模型支持当今的数据主动性,以及未来多天的计划设置,并且当每次迭代和创新数据模型以便为特定计划带来价值时,成本将会低得多。打开模型使其可以通过各自的适当角色来理解,增加数据的信任度。使用这些数据,除发掘新的机会外,还可以提高效率并降低成本。

5.2.1 建筑数据模型

下面从建筑数据模型的作用和建模方法两个方面进行介绍。

1. 数据模型的作用

数据模型作为不同技术背景和业务经验的各类人员有效沟通数据需求的重要媒介,可以帮助描述与沟通数据需求、增加数据的精确性与易用性、降低系统的维护成本并增加数据可重用性,极大地减少了以上问题出现的频率。

1)数据模型可以帮助不同人员来描述和沟通数据需求

不同技术背景和业务经验的各类人员在讨论数据需求时缺少一种有效的沟通工具,在讨论中经常因为对各种符号理解不一致,导致沟通效率低下,不同观点之间很难协调,达成共识。例如,在企业中,来自不同部门、具有不同技术背景的业务人员、业务分析师、数据分析师、建模人员、架构师、数据库设计人员、开发人员等各类人员经常需要共同讨论数据问题与数据需求,数据模型作为一种理想的沟通工具,可以快速地让相关人员达成共识,跳过对符号的分歧而直接讨论深层需求。

2)数据模型可以增加数据的精确性与易用性

数据模型中的标准精确的定义为数据强加了一个规范的结构,帮助解释数据上下文的边界，减少了访问和保存数据时发生数据异常的可能性。通过说明数据中的结构和关系，数据模型使数据更易于使用。

3）数据模型可以降低系统维护成本、提升资产可重用性

当系统出现故障或发现数据问题时，数据模型有助于我们从整体视角了解业务与数据现状，并有助于人们分析目前可能存在的业务、数据问题，分析修改现有数据结构是否可行和每次修改可能会带来的影响。另外，数据模型以明确的形式保留了关于企业系统或项目的记忆，可以作为可重用性资产供未来项目使用，从而降低构建新应用程序的成本。

2. 数据建模的方法

在数字经济时代，数据已经成为一种重要的生产要素。通过对数据的收集、存储、再组织和分析建模，隐藏在数据中的重要价值及规律才会逐渐展现出来，从而成为数字化转型升级以及可持续发展的重要推动力量。

对于想要进行数字化转型的企业，应该对数据建模的步骤重视起来。首先需要开展业务调研和数据调研工作，明确分析需求；其次应开展数据的准备工作，即选择数据源、进行数据抽样选择、数据类型选择、数据标准化、数据簇分类、异常值检测和处理、变量选择等；然后应对数据进行处理，即进行数据采集、数据清洗、数据转换等工作；最后开展数据分析建模及展现工作。总体来看，建模需要按以下五个步骤进行。

1）选择模型

根据平常收集到的建筑业务需求、应用数据需求等信息，研究如何确定具体的模型，如用户的行为事件分析、点击分析、属性分析、分布信息、用户行为分析、漏斗分析、留存分析等模型，以便更好地切合具体的应用场景和分析需求。

2）训练模型

虽然每个数据模型的模式基本是固定的，但其中还是会掺杂一些不确定的因素，通过其中的变量或要素适应变化多端的应用需求，这样的模型才会具有

通用性。需要通过训练模型找到最合适的参数或变量要素，并基于真实的业务数据来确定最合适的模型参数。

3）评估模型

具体的数据分析最好是放在特定的业务应用场景（如资产运营、设备运维等）下进行数据分析模型评估。当然评估模型质量的常用指标包含平均误差率、判定系数，因此常用指标包括正确率、查全率、查准率、接受者操作特性曲线（ROC 曲线）和 AUC 值等。

4）应用模型

对数据模型评估测量完成后，需要将此模型应用于业务基础的实践中去，从分布式数据仓库中加载主数据、主题数据等，通过数据展现等方式将各类结构化和非结构化数据中隐含的信息显示出来，用来解决工作中遇到的业务问题。

5）优化模型

在评估数据模型中，如果发现模型欠拟合或过拟合，则说明这个模型有待优化。在真实应用场景中可以定期将模型进行优化，具体优化的措施可以考虑重新选择模型、调整模型参数、增加变量因子等。

建模的这五个步骤并不是单向的，而是一个循环的过程。当发现模型不佳时，就需要优化，有可能回到起点重新开始思考。即使模型可用了，也需要定期对模型进行维护和优化，以便让模型能够继续适用新的业务场景。

5.2.2 建筑语义模型

从控制论的角度来看，建筑系统是一个典型的复杂非线性系统，同时具有多输入输出、模型随时间复杂多变、强耦合等特点，而与之相对应的建筑管理和控制系统也非常复杂。目前，此类对建筑运营阶段的终端设备、流程和事件进行监管或控制的软硬件系统，其知识与技术体系绝大多数还集中在传统 OT 层面。因此，在智慧建筑的新格局下，达成 IT 与传统行业技术融合是关键的目标，其核心在于找到 IT 与 OT 结合汇聚的交叉点，从而打通 OT 设备、环境设施数据与 IT 基础数据，实现双向互联互通。

解决此类融合障碍的关键点在于找到一个统一的纲领与规范来组织数据和资源。针对 OT 领域具有丰富的领域知识这一特点，IT 领域中的知识语义化及其相关规范成为最适合的方案选择。所谓知识语义化，通俗地讲就是让计算机可以读懂知识，具体而言，就是让计算机不仅可以表示各类实体及它们的组合规则，还可以基于已知实体间的规则处理更为复杂的规则，进行更深层次的推理。通过 IT 技术将 OT 知识语义化后，由于计算机可以读懂内容，所以在特定的语义信息规范下就可以理解数据，部署在云端的强大计算资源和人工智能算法便可持续为传统业务的流程赋能，降低运维风险，提高开发和集成速度，形成对行业的颠覆性变革。

当前，一些对建筑中实体和实体间复杂关系的描述语义化、规范化的工作研究成果正从幕后走向台前，如 Brick Schema、Project Haystack 等项目课题。以基于图的智慧建筑元数据本体 Brick Schema 为例，其采用万维网联盟（W3C）设计的规范资源描述框架，使用类的方式，语义化、规范化地描述建筑中的物理实体、虚拟实体及逻辑关系。图 5-3 展现了一个典型的根据 Brick Schema 定义建立的建筑新风系统模型，其中圆角矩形为建筑中的各种设备实体，菱形、椭圆形和直角矩形分别代表其所属的类，黑色有向箭头则代表了各实体之间的关系。

利用 Brick Schema，可将建筑信息通过语义模型进行描述，其中各个设备被抽象成图中的各个顶点，同时各个实体间的关系被表示为连接各个顶点的边。与提取自现场的实时数据进行耦合关联后，这套语义化建筑信息就支持在其基础上的查询、推理和其他算法，最终使各种基于数据分析、机器学习的算法应用得以实现，如故障检测与诊断（FDD）应用。

回顾历史，楼宇自动化控制（BA）系统本身已经向建筑的信息语义化迈出了不小的一步。由于建筑系统中设备多样、拓扑异构的特点，当各个设备的数据点被汇集至 BA 系统时，其底层数据和相关知识的组织形式多是以设备作为基本单元的，这恰好与语义网络中"实体"（Entity）的概念相对应。然而，BA 系统对于设备间的关系信息描述得非常少，OT 控制中的行业知识和特定逻辑大多依赖专家手动编写进控制系统，因此制约了整个系统的推理能力。随着 IT 技术对 OT 知识语义化的支持，智能系统对于通用数据标准的支持程度也会越来越高，计算出可解析的知识信息也将越来越多，专家们将可以在云端编写更灵活、更具扩展性的算法，并使之很方便地下载适配到边缘设备端上，对设备端做出相应的控制。

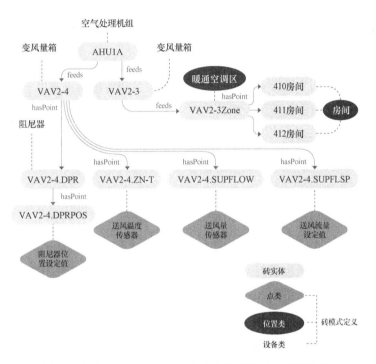

图 5-3　根据 Brick Schema 定义建立的建筑新风系统模型

建筑语义模型是建筑数字化平台的核心。建筑数字化平台要想将人员、空间、流程、数据和事物都结合在一起，就必须具备足够的行业知识和经验，并且把这些元素以数据模型的形式沉淀到平台上。即把建筑行业的技术原理、行业知识、基础工艺等实现模型工具的规则化、软件化、模块化，并且封装为可重复使用的组件，形成包括通用类业务功能组件、工具类业务功能组件和面向应用场景类功能组件。模型标准化、组件化是未来建筑语义模型的一个发展趋势。由具有深厚行业知识沉淀但不具备直接编程能力的行业专家，将长期积累的知识、经验、方法通过"拖拉拽"等形象、低门槛的图形化编程方式，简易、便捷、高效地固化成一个个数字化模型，建筑行业的业务团队可以高效、创新地开发出新的业务场景，满足用户的个性化功能需求。

5.3 建筑物联网（BIoT）

建筑物联网，针对解决的是数字化六步骤中的获取信息、传送信息。

建筑物联网带给传统建筑智能化控制的影响是颠覆性的。实时信息被引入这个已有数百年历史的行业流程中，物联网设备和传感器正在以一种更经济、更高效的方式收集作业现场数据。

生产力、运营维护、安全保障是建筑业采用物联网的主要驱动力。借助物联网，每个建筑业的利益相关者都能够实时了解从规划到实际施工，以及施工后各个阶段的情况，并且知晓在服务期间建筑物是如何运行的。这样使得施工现场作业越来越成熟，生产率和安全性也稳步提升。

物联网或万物互联并不是问题的关键，关键还是在于如何利用这个条件创造业务价值。和普通物联网不一样，建筑物联网由于其自身行业的特殊性，又可以表现出如下几个特征。

5.3.1 IT/OT 新融合

建筑物联网打破了以往截然不同的 IT 世界和 OT 世界的边界。

永远在线的无线传感器将物理空间和数字空间紧密地连接在起来，这就改变了传统服务结束、服务开始的定义。实际上，在建筑物联网中的服务可以一直处于进行和持续中，这就使得过去那种售卖产品的商业模式成为过去，卖体验、卖服务成为新的商业路径。

IT/OT 领域分层结构示意图如图 5-4 所示，这也是一个智慧建筑的典型系统架构，可以清晰地看到 IT 和 OT 结合汇聚情况。

在底层设备，各类建筑的设备和传感器在运行过程中会产生海量数据，在

第5章 建筑智慧化的底层逻辑思考

经过直接数字控制（DDC）等数控组件的采集后，由行业专家和专业运营团队编写特定的 OT 算法对设备进行监视与控制。而在位于另一头的云端平台，由各种 IT 软硬件共同支撑起数据的存储、挖掘、分析、决策和智能增值应用等服务。从图 5-4 中可以看出，位于底层设备与云端平台之间的本地数字化平台，天然承担了作为 IT 与 OT 汇聚融合交叉点的角色。

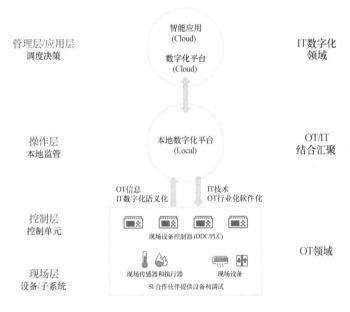

图 5-4　IT/OT 领域分层结构示意图

从本地到云端，数字化平台通过 IT 数字化语义化将 OT 端的信息进行更大范围的传播和共享，提高 OT 工业设备及过程数据的可访问性、稳定性和流动性。从云端到本地，数字化平台通过 OT/IT 的贯通，让 IT 技术更好地在 OT 端实现软件化，使 IT 环境可以便捷地访问 OT 设备及调取运行过程中的数据，进而使新的 IT 技术（如人工智能技术、区块链技术等）在建筑设备系统上的应用和赋能成为可能。

这里比较大的挑战是 IT 与 OT 的系统性差异。IT 的着眼点在网络、容器技术、算法与模型等方面；而 OT 则专长于设备端自身的控制、数据采集、算法和工程领域经验。因此，两个世界必然采用不同的数据结构、信息模型、接口标准，换句通俗的话说，它们两者组织数据和资源的方法差别很大。也正因如此，OT 丰富的领域知识和技术无法做到与 IT 技术的互联互通，这制约了知识驱动的专家系统的发展。

解决此类融合障碍的关键点在于形成统一的建筑行业语义模型，基于模型，可以解决 OT/IT 行业沟通理解不一致的问题。

5.3.2　集中和分散综合体

建筑物联网是集中管理和分散控制的综合体。

建筑采用集中分散控制的主要原因是由于空调暖通系统的特殊性导致的。无论是分体式空调还是中央集中供能式空调，目前主要采用的还是供给侧和末端输送侧分离的结构，这就使得既需要能按末端分区域独立控制，又可以按供给负荷集中群控。另外，工程设计的项目差异众多，如何支持分级联动控制也体现了集散架构的灵活性。集中管理、分散控制还提高了整个建筑智慧化系统的健壮性，避免因为单个区域的故障或异常导致整个系统不可用。

为了实现"集中管理、分散控制"的目标，边缘计算节点就成为解决这一权衡控制与管理挑战的关键点。

随着边缘计算在产业互联网等多种应用场景下的蓬勃发展，加上边缘计算的效率、可靠性、资源利用率等技术指标也得到了极大的提高，在本地实现相比于云端时延更短、成本更低的可落地计算解决方案。因此，边缘设备及其代表的本地数字化平台，不仅在架构维度，也在业务维度上具备了成为建筑业兼顾集中和分散需求的融合能力。

不过，也需要看到，边缘侧虽然作为实现 OT 与 IT 融合，集中和分散兼具这一重要目标的依靠，当前还存在着瓶颈。集中和分散是两套不同的设计理念，它的第一个挑战就是给边缘计算带来技术栈上的挑战。

- 资源异构：边缘设备的硬件架构、硬件规格、通信协议千差万别，为这些分别在资源、网络、规模上存在巨大差异的设备系统提供标准统一的服务能力，目前具有极大的挑战。

- 协同性：边缘设备缺少统一的运维和管控标准。

- 环境复杂：边缘设备所处的环境较为复杂，这对可靠性也提出了挑战。

- 安全性：边缘数据的安全风险控制难度也较高。

于是，为促进云端平台侧与设备侧的深度融合，在当前态势下，"云边协同""云边一体"的方案成为解决边缘计算诸多挑战的必然选择。"云边一体"的核心价值就在于通过统一的标准，提供容器等更加安全的工作负载运行环境，以及提供配套的流量控制、网络策略等能力，从而有效提升边缘服务和边缘数据的安全性，进而达到在边缘设备上提供和云端一样的功能和体验。在此基础上，云端和边缘的协同工作将成为可能，如果将边缘设备挖掘提炼的数据收集到云端，借助云端强大的计算资源进行分析处理，然后再反馈给边缘，实现云-边-端一体化应用的交付、运维、管控联动。云端与边缘的一体化进程，能够让云端业务负责管理统筹，边缘完成局部范围的自治，同时使云端提供和本地相统一的业务能力成为可能，客观上这就满足了集中管理与分散控制兼具的底层需求。

与普通物联网相比，面向建筑市场的垂直物联网平台具有诸多优势，如支持多种建筑自动化系统协议、针对建筑行业的特定人工智能支持、专业知识累积和客户关系管理体系等，这也是未来 BIoT 可以带来持续发力，在建筑领域发挥更大作用的基因。

5.4 虚实融合的时空统一

虚实融合，针对解决的是数字化六步骤中的处理信息、交付信息。

数字化将物联网、大数据、云计算、人工智能、5G 等新技术组合在一起，形成物理世界的一个完整的数字化镜像，直至构造出一个数字孪生的世界。在这个数字世界中，人们可以灵活运用物理模型、传感器升级、运行历史等数据信息，集成多标量、多尺度、多概率的模拟仿真过程，实现数字化管理。另外，数字世界对采集信息的处理、加工和优化的结果可以反馈至物理世界，去优化作用物理世界。这种虚拟世界和现实世界彼此作用、相互影响的方式不只是一种技术方式，而是一种发展新模式，也是一条转型的新路径，更是一股推动各行业深刻变革的新动力。

虚实结合的数字孪生建筑，不再只是一个创新理念和技术方案，而是新型智慧建筑建设发展的必由之路和未来选择。集中体现了九大核心能力：物联感知操控能力、全要素数字化表达能力、可视化呈现能力、数据融合供给能力、空间分析计算能力、模拟仿真推演能力、虚实融合互动能力、自学习自优化能力和众创扩展能力。

数字孪生建筑是新一代信息技术在建筑上的综合集成应用，是实现数字化管理和发展数字经济的重要载体，是未来建筑提升长期竞争力、实现精明增长、实现可持续发展的新型基础设施，也是吸引高端智能资源共同参与，持续迭代更新的创新平台。

5.4.1　数字孪生平台

平台思维，就是一种开放、共享、共赢的思维方式。通过平台可以避免重复性的技术研究，形成技术沉淀，提升产品项目质量。此外，从商业模式的角度来看，平台化也是一种可以给利益相关方带来诸多好处的方法。

平台的核心是：共赢、共享、开放。

1. 共赢

平台思维就是把自己的成功建立在帮助别人成功的基础上。传统的商业模式是考虑如何降低成本同时增加收入。而平台思维则是研究如何加大成本，并把成本革命性地外包和转嫁。共享开放平台就是沿着这个套路来的，通过提供数据、创作空间，让更多专业的团队一起做更高效、更吸引用户的产品，大家组团盈利。单个产品赚的是差价，平台产品赚的是模式和资源。

2. 共享

如果想实现指数级的利润增长，就必须硬件和软件共同创新。传统的建筑项目，做的是硬件+工程，这种重资产的模式导致每做一个建筑项目就要重新做一轮硬件采购、工程实施，可以重复使用的资源少之又少，基本没有相通性。即使建设一些智慧建筑管理系统（IBMS）这样的软件，也是各项目方独立来建设的，并没有考虑可复用性。这就使得一个个的项目信息成为孤岛。所以，在这种商业模式下，项目做得再多，利润也只会线性增长。

软件平台却不是这样的，众所周知，从售出一万套软件到售出十万套软件，增加的成本微乎其微，更多的可能是运营方面追加的部分开支。所以软件公司的利润增长非常迅速，无论是通过软件定义硬件的方式来改造硬件，让硬件软件化，还是多项目复用同一套软件基础平台，将盈利空间从线性增长变为指数增长，都是软硬件组合解题的根源。

3. 开放

封闭的技术未必是高科技，开放的技术也未必普通。从以往来看，建筑这个行业是被几家行业巨头所垄断的，专业门槛确实不像 C 端"爆品"那样，很容易让所有人都可以接触到。这种特殊性使得这些建筑智慧化企业一直希望保持自己的特有优势，利用技术垄断获取丰厚的利润。

这一切随着互联网的出现开始发生变化。开放带来了封闭时所想象不到的价值。无论是后进者的奇袭，或是老玩家被压制后的力不从心，大家都意识到这种技术不对称造成的垄断不会一直持续下去，反而尽早地开放也许可以带来几何级的价值变化。

- 以百度为代表的互联网搜索引擎解决了人和网上资源的信息不对称。
- 以腾讯为代表的移动互联网社交平台解决了人和人的信息不对称。
- 以字节跳动为代表的短视频平台解决了内容和内容的信息不对称。

可以看出，信息的不对称虽然在一段时间内可以成为资源博弈的筹码，但从整个社会的发展来看，这造成了市场交易双方的利益失衡，影响了社会公平、公正的原则以及市场配置资源的效率。而且随着互联网和制造实业的结合，这种不对称的局面也必然会被打破。

开放可以使参与者更充分地发挥主观能动性，激发创新。每个参与者在创新的同时又能够对其他人的创意产生抛砖引玉的效果。通过开放平台，所有参与者都能借助实现别人的价值而实现自身的价值。在这样的环境下，参与者就是合作者，相互依存，共同成长，合作产生的价值不仅是在做加法，而是在做乘法，这种依存环境也是最值得信任和最值得付出的。在这种环境中，产业生态是自我产生、自我完善的，这相当于一种刚性内需，其中的价值不断流动，致使整体环境持续壮大。

另外，开放还可以让平台拥有更大量的参与者，企业、中间商、甲方、客户都能从中找到各自的角色，从而产生更丰富的需求，平台就可以从中汲取对各方有用的内容，不断夯实平台的积累。通过开发多种多样的生态场景应用，平台拥有了海量的可用数据，在这一过程中，平台也就实现了自我的成长。

数字孪生平台的开放、共享、共赢将会是永恒的主题。

5.4.2　智能交互

物理世界和数字世界是不可割裂的，它们通过数字技术连接融合。在数字孪生时代下，数字技术能够把城市的空间完整精准地刻画出来，并且能够自动分析、优化、决策和表达，与现实世界实现交互融合。未来城市中能够满足个人、家庭、行业美好需求的感知信息都会同步到数字基础设施中进行实时分析和事前预测，这将对公共服务产生深远影响。

智能交互是物理世界和数字世界的连接工具，是智能体的"五官和手脚"，全智慧场景源于万物的感知被唤醒和千亿连接的升级，人与物将在数据构筑的智能环境中进行交互，感知塑造智能，智能提升认知，认知锐化感知，循环不止，智慧不息。

智能交互感知物理世界，形成对物理世界的洞察和描述，并优化和改造物理世界，使得人与物、物与物从过去的建立连接转向"持续交互"。智能交互的位置示意图如图5-5所示。

利用智能交互可以对整个孪生周期中的历史、趋势、事务、遥测和其他数据类型，在基于关系和彼此依赖的前提下进行分析，从而提供新的认知和见解,而这些认知和见解在以往的项目中需要花费大量的精力来开发。这是知识驱动领先数据驱动的体现。

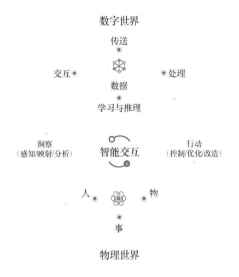

图 5-5 智能交互的位置示意图

通常的数据驱动是指通过移动互联网或其他的相关软件手段采集海量的数据,对数据进行组织整理形成信息,之后再对相关的信息进行整合和提炼,在此基础上通过训练和拟合形成自动化的决策模型。当新的情况发生,有新数据输入时,系统可以用前面建立的模型以人工智能的模式自动进行决策。

与既有的规则驱动相比,数据驱动是拿着数据去寻找规律的,这些规律来自对鲜活数据的挖掘。因为数据不会说谎,而且也不像规则那样是按照过往经历形成的,所以数据驱动形成的规律是让模型去贴合数据,从而不停地改变和调整该模型,这使得数据驱动的规律更真实,更符合实际的数据效果。

数据驱动的缺陷在于只能学习重复出现的片段,而不能学习具有语义的特征。因为数据就其基本形态而言,是碎片化的符号和字符,不同部门对数据的理解不同,所以只有在与上下文相关联时数据才会变得清晰。

机器擅长处理这些碎片化的符号数据,所以数据驱动把处理大量数据的权利交给了机器。机器虽然能处理符号,但不能对它进行理解,这让计算工具成了黑盒，导致机器的使用者容易产生疑惑：看不懂这个机器是如何做出决策的，导致无法真正信任它。这是因为它的所谓决策，就是单纯的数据，而这些数据一般只有在付诸驱动实践后，才能看到结果。黑盒具有的不可解释性，导致了它具有不可靠性及较差的健壮性。

数据驱动和知识驱动用在异常检测过程上的差异如图 5-6 所示。

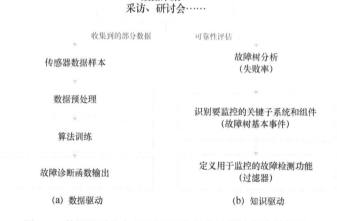

图 5-6 数据驱动和知识驱动用在异常检测过程上的差异

知识驱动以业务价值为导向，以思路融合为契机，实现数据与知识体系的归一，从而反作用于业务，促进价值的提升。与数据驱动相比，知识驱动的源头不仅有数据，还有领域知识（Domain Knowledge）。不同于数据，知识只能存在于人类的头脑中。

知识代表了对特定领域问题的专业意见或答案。因此，使用知识驱动时，虽然一样可以用机器完成数据处理，但那种不可解释性和不可靠性会大大降低。基于知识驱动的系统要比纯粹的数据驱动更智能。一方面，它们会结合数据，利用机器的算力优势不停地修正模型，让其更匹配数据；另一方面，因为有知识表现对应的模型，它们会更有决策说服力，可以处理更复杂的规则，所以可进行更深层次的推理。

知识可以看作高质量的数据。将分散的数据凝结为集中理论的抽象过程本身就是提取知识的过程。数据、信息、知识等的区别如图 5-7 所示。

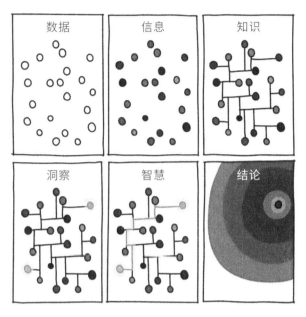

图 5-7　数据、信息、知识、洞察、智慧、结论的区别

通过建立设备资产的全方位立体画像,数字孪生时代的公共服务可以提供预测性、主动式的服务,运营方不仅能够预知每个建筑内用户的需求,更能主动地为其提供实时、精准、体贴的服务,从而更好地满足他们的物质和精神需求,给用户带来更加宜居、舒适、包容的环境,实现真正以人为本的智慧空间。

5.5　数据业务资产化

5.5.1　数据为生产要素,AI 为生产方式

数据是当下数字化转型进程中推动企业发展的关键要素。

2020 年 4 月,中共中央、国务院发布的《关于构建更加完善的要素市场化配置体制机制的意见》一文中,将数据作为与劳动、资本、土地、知识、技术、管理并列的生产要素,这是第一次在国家文件中明确将数据作为一种新型的生产要素。数据作为新型的生产要素,在边际使用价值、产权、价值量度等

方面具有独特性。

1. 数据成为生产要素是一个渐进的过程

数据并不是一开始就成为生产要素的。从上古时代的"结绳记事",到文字发明后的"文以载道",再到近现代科学的"数据建模",数据一直伴随着人类社会的发展变迁。然而,直到互联网商用之后,人类掌握数据、处理数据的能力有了质的提升,数据也就成为了生产要素。

2. 数据作为生产要素的价值

数据要素的价值在于重建了人类对客观世界理解、预测、控制的新体系新模式。这种模式本质是用数据驱动的决策代替经验决策,即基于数据+算力+算法可以对物理世界进行描述、原因分析、结果预测和科学决策等。

数据作为新型的生产要素,会逐步资产化管理,释放出更多的数据价值。随着 5G 和物联网的发展,数据呈现爆发式增长状态,预计 2025 年全球的数据总量将达到 175ZB,我国的数据总量预计会达到 48.6ZB,将成为全球第一的数据大国。而对于建筑管理而言,数据作为资产的重要性愈加凸显,将不同类型的数据资产做融合、打通、管理成为影响数据资产价值兑现的关键因素。

如今单独依靠某一种生产要素将很难实现对经济增长的推动作用,数据要素创造价值不是靠数据本身,数据只有跟基于商业实践的算法与模型聚合在一起时才能创造更高的价值。

3. 人工智能是和数据时代相匹配的生产方式

生产方式包括生产力和生产关系。

从生产力来看,在古代自给自足的小农经济衍生出了男耕女织的生产方式,现今随着万物互联的大数据时代和算力普惠的云计算的出现,使得基于数据做深度加工、深度训练学习的生产方式成为可能。正因为有大量的数据,人工智能才有用武之地,才能提供相对有效的决策分析。数据是人工智能的"灵魂",有数据才有智能。人工智能代表了针对处理大数据的生产力。

第 5 章 建筑智慧化的底层逻辑思考

从生产关系来看，人工智能是让机器来模拟人的某些思维过程和智能行为（如学习、推理、思考、规划等），使机器能实现更高层次的应用。这就使得生产活动从过去的人-设备演变为人-机器-设备，机器自身如果看作设备的一种，那么现阶段设备间的互动就变成一种常态。如何管理和平衡设备间的行为/效果就是人工智能时代推动生产关系所发生的变化。

随着智能技术的应用，人工智能已经彻底改变了我们的生产方式，推动了产业智能化的进程。人工智能对生产方式的改变首先体现在效率的提升上。以建筑维修管理为例，以往项目中存在各种各样纷繁复杂的流程，现在可以借助人工智能实现自动化，甚至形成一整套标准作业程序（SOP）。

人工智能不仅可以提升流程性的效率，还可以通过"人工智能的想象力"提升生产效率。如在建筑智能环境管理上，人工智能技术可以大大加快运营人员发现温度不适的速度，过去要人工按照过往的经验去调配各区域的温度设置，以后通过人工智能的模式，可以不断自动发现一些人群热力图谱和不均衡现象的规律，这会大大提高区域的温度调控效率。

以大数据+人工智能技术为驱动，让数据智能普惠建筑业，促进业务智能的数字化转型，三者的关系如图 5-8 所示。

图 5-8 大数据、人工智能、业务智能三者的关系

智慧建筑以数据为关键生产要素，依托人工智能算法进行数据处理，将数据资源转化为业务智能，最终作用于生命周期各环节，推动生产效率提升和经济结构优化。业务智能虽然起源于互联网，却能引导重塑传统行业。

当前建筑地产已从增量市场向存量市场转变，数据精细化运营地位凸显，原有的商业模式和产品模式都将面对挑战。从工程思维转变为数据思维，深耕软件服务领域，从用户增长变为用户深耕成为趋势，这些都是得益于人工智能的应用。

5.5.2 业务导向，数据闭环

和业务导向相对立的是技术导向。技术导向以技术为核心和出发点，认为在经历了信息化变革之后，新技术已经对既有行业产生了颠覆性的影响，如人工智能、物联网、数字孪生等。它们不仅仅是工具，更代表了新的思维方式和生产工作模式，技术导向上会更多地使用人工智能+、互联网+来提高技术的地位和重要性。

技术导向比较适合新开辟赛道的产业需求，因为没有先例，所以就没有既有旧业务的羁绊，完全是启用新技术，所以更重视技术的先进性和应用程度，有代表性的是 AI 人脸识别、无人驾驶。

建筑作为一个存在上千年的行业，不同于以技术为核心来寻找商业机会的方式，而应该遵循行业的既有规律和法则，以领域知识为基础，用 AI/IoT 这样的新技术来提升传统应用的价值，所谓的"应用场景才是关键"也是一样的道理。传统行业的应用场景往往是经过长期摸索和反复打磨的，即便是产品专家或解决方案专家，如果不熟悉整个行业，也无法梳理出一个完整的场景方案。所以这一行业我们认为需要用业务导向来做分析。

业务导向以具体业务为核心和出发点，所以最核心的部分就是行业专家的知识、思想、经验和判断决策，各类推陈出新的新技术只是具体的实现工具和方法。使用新技术也是为了辅助专业人员提高工作效率和降低工作成本。因此，类似习惯用人工智能+、互联网+、辅助制造等概念来强调业务的核心地位。在这种思路下，判断优劣的标准是新的数字技术能否实现业务流程的打通和管理优化，能否推动业务创新。业务导向的模式尤其适合对传统行业既有应用功能的重塑和升级，其组织一般是以传统公司为主，使用信息与通信技术（ICT）资源为辅的协作方式。例如，新零售、智慧医疗及智慧建筑等。

解决业务痛点才是建筑智慧化的评判标准，有技术但如果并没有办法改变

第5章 建筑智慧化的底层逻辑思考

业务困难的现状，那么也是没有实用价值的技术。

以业务为导向不代表不重视技术或忽视持续发展。虽然在实际项目中，尤其在业务发展紧迫的情形之下，很多时候经验主义貌似更为稳妥，新技术可能被一再地选择性忽略，或者被认为过于冒进而暂时搁置一边。但如果习惯用相对保守稳妥的方式来解决问题，目的只是让这台"机器"可以继续运转下去，那么最后就会发现，机器会越来越陈旧，失去活力，离持续高效运作的目标越来越远。

既然数据是新时期重要的生产要素，那么数据使用的方式和效果就显得尤为重要。数据闭环不只是形式上满足数据流程完整的要求，更是一种管理思维。即用数据来发现问题、诊断问题，最后又回到用数据来反映问题解决程度和效果的阶段，这才算是始于数据、终于数据的一个闭环过程。

当前很多建筑智慧化的案例问题层出不穷的原因正是在数据闭环这一点上。如在运维过程中，对于工单任务缺乏明确的时效管理和效果评定，造成好似完成了，但细看又没有什么用处的现象。运营也是一样，虽然制定了很多数据监控指标，但这些指标是否真正影响到后续的验证研判，是否完成了数据分析的闭环，也是值得思考的问题。

闭环是一种有始有终的思维方式，而且是一个持续迭代的过程。在形式上，不仅建筑的规划、设计、施工、交付、运营、运维、拆除可以形成一个大型的数据链路闭环，即使是其中的某个或某几个阶段，也可以实现自身的业务数据小闭环。如施工交付，交付后的用户意见一样可以反馈并重新影响施工过程，让施工部门做出相应的调整或改进。持续迭代闭环示意图如图5-9所示。

图5-9 持续迭代闭环示意图

智慧建筑通过物联网、云计算、人工智能等技术，收集了大量的设备数据、人员行为数据，如果这些数据仅仅被采集存储，但并没有形成用途，则不仅浪费资源，还会增加成本与安全风险，数据只有形成闭环才是有质量的数据。

数据闭环也是精细度管理的必然要求。

数据在业务发展中确实起到了越来越重要的作用，但仅靠某一过程的数据则难免片面。例如，建筑智慧化运营时通过捕捉用户网上行为的轨迹，进而调整运营和营销策略，这时就会发现单一的数据来源往往会造成数据断层，给运营带来无法全链路分析用户行为的障碍。例如，建筑内有很多用户都通过手机调低过某一区域的温度，但并不一定代表这个区域温度过高，也可能是空调/新风送排风有故障或设计时材料散热有问题、外墙隔热不佳等，这些信息仅靠某一类的数据是很难形成完整的数据运转流程全闭环的。要实现真正的精细化，就离不开更完整全面的数据池分析，即拥有各种标签、各种维度、各种细分的庞大的数据库。

数据闭环的最终目的，也终将回归到业务场景中。通过将数据价值快速输送到各个领域，并下沉到细分的业务场景中，形成对行业数据领域的深刻理解，降低数据运营的行业门槛，最大限度地满足各类客户的场景个性化需求。

以业务驱动为导向，让"数据找人""事件匹配场景"，是当前建筑智慧化向前推进的发展之路。

将全流程数据打通，打造智慧建筑的管理闭环，是提升转型质量和决策效率的关键要术。

5.5.3 多租户全场景

建筑服务的对象是人，由于需要应对的场景多种多样，针对的人员/用户也各不相同，这就使得我们需要解决在同一座建筑内向不同的人群提供差异化的服务。如运营团队、运维团队就可以分为不同的角色，来查看、处理不同的数据和任务。

智慧建筑是一个庞大的体系，可以从多个角度对其进行"拆分"。如可按规划、设计、施工、交付、运营、运维这样的时间轴维度来拆分，也可按技术架构 IaaS/PaaS/SaaS 这样的分层方式来拆分，不过从使用角度来说，最有效、最直观的还是按用户角色来拆分。用户不仅可以在一级的角色层级上做分类，在同一层级如运营团队内，还可以进一步按业务需要分出更多的用户组，每个用户组有不同的任务及不同的数据权限。

为支持这种数据源的统一，而保有使用方式差异化较大的结构，云计算提供了多租户的架构。如图 5-10 所示，单租户是指每一类用户群体都有自己的 App 应用和数据库，这是一种独享性的方案。因此，在数据底层就需要做大量的数据隔离工作，每个群里的数据都是独立的，没有人可以访问他人群体的敏感数据，其开发和维护的成本是非常高的。而且前期设计的数据隔离将来也可能需要变动，如之前分割的部分运营数据想和运维方面做分享，以解决新问题。这种情况对单租户的方案提出了很大的挑战。

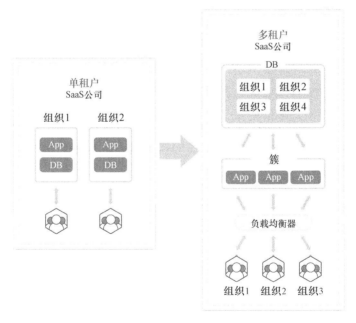

图 5-10　单租户与多租户

多租户则是支持多个用户同时分享软件应用的相关服务。每个用户群体都可以在大型环境中拥有自己的工作空间，所有用户端将共享相同的数据库和应用信息。相比于单租户，多租户具有非常高效的资源使用率，以及更多的算力。同时，多租户的维护成本也要低得多，毕竟数据库、服务、应用程序以及资源层面上的交换，都在一套共同环境下进行。

多租户的优点如下。

- 经济高效：通过一个软件实例被多个组织共享，降低了整体资源的消耗，也同时降低了应用运行的成本和相应的管理开支。

- 易于更新和再开发：因为所有组织群体都共享同一套核心代码，所以软件的更新和再开发相对更容易。

- 管理方便：通过使用多租户能够减少相应的物理资源和软件资源，这将简化管理工作，而且即使有升级与维护的需求，多租户也能够很方便地为所有用户提供一次性的通用升级。

多租户的缺点如下。

- 安全：因为多个组织的应用和数据共享同一套软件和基础设施，如果出现机器宕机、软件故障（Bug）或者大规模的核心数据暴露等情况，就会造成严重的后果，影响范围更广。

- 复杂：为了做好共享和隔离的平衡，在软件设计上就需要做更多的思考，这增加了复杂性，而且任何修改都需要考虑是否给其他板块带来隐性风险。

新时期的智慧建筑将更加关注以人为本，以用户为核心，通过满足用户需求，为用户提供优质、便利的服务而实现建筑的真正价值，通过为互联网时代下的用户提供愈发个性化的需求场所和资源的共享，最终实现群体利润的提升。

建筑终极的生命意义在于串联居住者这群人的文化价值观。就如同希望求得"安得广厦千万间"的诗圣杜甫所提到的家文化，现在的智慧建设者一样赋予了建筑最初的生命力。每一座建筑的背后，都象征着一种人文追求，也只有在文化力量的灌注下，才能建造出有思想、有温度的建筑。

| 第 6 章 |

建筑智慧化的建设思路

智慧建筑的底层逻辑决定需要采用与之相配套的建设方法，这不仅包括建设思想上的转变，组织结构、管理方式也都不同于早期建筑智能化时的做法，此外，人才团队配置、生态联盟也都有一些新变化。

通过总结实践建筑数字化转型过程中遇到的问题，以及对比行业内成功方案的应对之道，归纳汇总出建筑智慧化建设思路的六大要素，希望可以帮助读者形成对各自建筑智慧化之路的理解。毕竟做任何事情之前，要先理清正确的思路，以确保选择的路线正确，然后再考虑如何在正确的道路上做正确的事情。

6.1 要素一：建立相关数据标准，促进数据融合与应用开发

智慧建筑的标准制定其实一直滞后于这个行业的现实发展，到目前为止，我国还没有建立一个关于智慧建筑的国家级标准规范。这有很多原因，不同的建筑企业对系统结构的需求理解是不一样的，而国家在这块又没有足够精细的法律性指导文件，导致设计上缺乏规范，交付评估上没有准绳，运营、运维缺少治理手段。不过，对于规范标准这一块，国家和行业也越来越重视，很多规划都在筹建中。例如，2021年中国建筑节能协会智慧建筑专委会联合行业企事

业单位，共同组织编制了《智慧建筑评价标准》，并于 5 月 1 日正式发布实施这一团队标准。该标准体系由架构与平台、安全与安防、高效与便捷、绿色与节能、健康与舒适五类指标组成。旨在以评促建，推动建设系统信息化应用，加强智慧建筑的建设和管理，提高建筑智慧化水平。填补国内在智慧建筑评价标准规范上的空白，为建筑工程项目的设计单位、施工单位，运营管理单位等相关角色提供参考。

标准一方面利于大家参考，另一方面则突出表现在数据的使用上。就像前面第 4 章 "当前建筑智慧化发展的困境及破解之法" 所说的那样，由于缺少行业的统一标准，建筑建设的各相关方就依照自己对行业的理解去开发，建设各自的系统。系统之间不能互联互通，数据不能共享，各系统间的数据往往不一致，造成了对数据不能进行有效的统计分析，对公司决策不能提供有效的数据支撑。

建筑智慧化不是系统之间的简单集成，而是要把系统内的数据提取出来，做加法，做融合，做升华。如何融合不同系统的各类数据，让数据的价值得以放大，就离不开数据标准。据统计，现代社会用户在建筑内的时间约占全部时间的 80%，在这个过程中，设施设备、人员、建筑空间无时无刻地在生成数据，这些数据多种多样、五花八门。既有结构化数据、也有非结构化数据，有些数据按照时序周期性上报，也有些数据是不固定频率的上报数据，更不用说各系统间的通信协议标准大相径庭，如 Modbus 协议的能量表计，BACnet 协议的建筑控制系统等，这些异构数据要放在一起分析、联合使用，必须有一套共同的基准。

所以数字化转型的第一步就是必须做数据的标准化。如何做数据标准化，就应该沿着数据业务化的思路，从业务全局的视角来审视数据。数据标准化不是针对局部环节进行单纯的数据转换，而是要放弃这种各自为政的孤岛式思维，避免无形中新造 "数据烟囱" 而产生新问题。

6.1.1 数据标准化是为数据业务化服务的

数据化的工作其实过去也一直有，从 OA 系统、客户关系管理（CRM）系

第6章 建筑智慧化的建设思路

统,到 ERP 系统,其实这些都属于业务工作的数据化。借助互联网,很多传统行业的线下业务变成在线展开,这时的数据化是用数据来表现和解读业务的。数据业务化则是在数据整合的基础上,以数据为主要内容和生产原料,打造数据产品,按照通常的产品定义、设计、开发、发布和推广的套路进行商业化运作,把数据产品打造成能为企业创收的新兴业务。图 6-1 所示是数据产品的商业化过程。

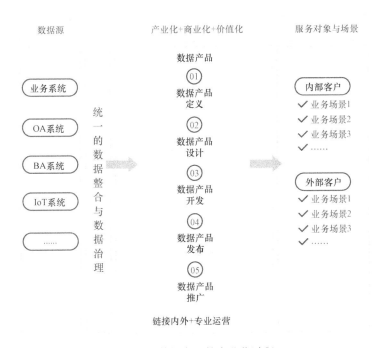

图 6-1 数据产品的商业化过程

为了做好数据产品这个新兴业务,让数据的价值最大化地发挥作用,数据整合的质量就显得非常重要,这是数据业务化对数据提出的更高要求,倒逼数据做得更精细,数据特征和价值更显著。

数据业务化的质量决定数据价值释放的程度。

没有标准化就没有数字化,就更谈不上数据质量了。通过对数据标准的统一定义,明确数据的归口部门和责任主体,为企业的数据质量和数据安全提供一个基础的保障。

通过对数据实体、数据关系及数据处理阶段定义统一的标准、数据映射关系和数据质量规则，能够让数据的质量校验有据可依、有法可循，为企业数据质量的提升和优化提供支撑。

通过建立规范的数据应用标准，消除数据的不一致性，从根本上改善和解决系统的数据质量问题，实现数据有效共享，并为后续的数据业务价值的创收提供参考依据。数字标准、数据质量和数据业务价值三者的关系如图 6-2 所示。

图 6-2　数字标准、数据质量和数据业务价值三者的关系

数据业务化的目的是为了支撑业务运作，让数据反哺业务；此外数据本身还可以持续积累，应用于分析和决策，利于数据产生智能，这可以说是一种升华，称为数据科学，包含数据智能和数据创新两个层面。业务的数据、数据的业务和业务的业务三者的关系如图 6-3 所示。

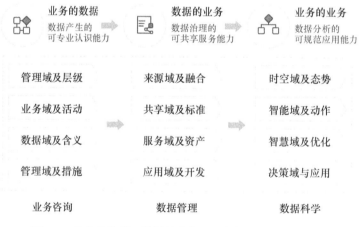

图 6-3　业务的数据、数据的业务和业务的业务三者的关系

6.1.2 数据标准化是数据治理的关键环节

数据治理（Data Governance）是指对数据资产行使权力和控制的活动集合，目的是为了让数据的使用者能够清楚地认识数据和数据关系，进而能够用好数据；让数据应用的管理者能够洞察数据、应用、系统之间的复杂而彼此依赖的关系，进而能够管好数据。

数据治理不是一套技术方案，而是一套长期迭代的数据管理规范，完成数据优化的体系。数据治理体系如图 6-4 所示。数据治理内容如下。

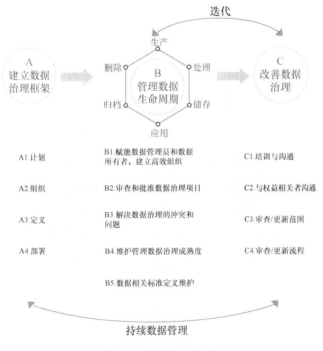

图 6-4　数据治理体系

- 流程制度规范制定。
- 数据架构制定。
- 数据标准确定。
- 组织、职能分工和智能。

- 治理工具建设。
- 治理沟通推进模式。

可见，数据标准是数据治理的依据和根本，具有一系列重要意义。

- 通过提供统一的数据标准定义和平台逻辑模型，增强业务部门和技术部门对数据定义和使用的一致理解。
- 有助于对数据进行统一规范的管理，消除各部门间的数据壁垒，方便数据的共享。
- 促进企业级单一数据视图的形成，支持管理信息能力的拓展。
- 提高数据质量，如通过配合数据标准的质量检查，定位出有问题的数据，再经过数据清洗、问题整改、例外排查等一系列手段达到提高数据质量的目的。
- 有利于数据资产化，通过将数据资产进行分类和编目，方便数据的展示和数据共享，同时也为数据分析和数据挖掘打好基础。

数据标准化、数据治理等管控策略和体系的建设是整个信息系统建设不可或缺的环节。通过数据治理，各个应用系统之间实现统一数据接口、统一数据字典、统一数据报表和统一数据生命周期，消除信息系统的数据孤岛，进而提供全链条的数据共享服务，同时通过系统建设也能够满足监管机构的要求。

6.1.3　数据标准化促进多方价值融合

数据标准由业务方面、技术方面和管理方面三部分组成，相应的价值也体现在三个方面，如图 6-5 所示。

数据标准的目标是为业务、技术和管理提供服务和支持。

- 业务方面：通过对实体数据的标准化定义，解决数据不一致、不完整、不准确等问题，消除数据的多义性，使得数据在企业内有一个全局的定义，降低各部门、各系统的沟通成本，提升企业业务处理的效率；标准统一的数据指标体系，让业务人员也能够轻松获取数据，并能够自助式地进行数据分析，为基于数据的业务创新提供可能。

图 6-5 数据标准的价值体现

- 技术方面：统一、标准的数据结构是企业信息共享的基础；标准的数据模型和标准数据元为新建系统提供支撑，提升应用系统的实施效率；数据标准化也有助于清晰定义数据的来源和去向、校验规则，提升数据的整体质量。
- 管理方面：通过数据的标准化定义，明确数据的责任主体，为数据安全、数据质量提供保障；统一、标准的数据指标体系为各主题的数据分析提供支撑，提升数据处理和分析的效率，提供业务指标的事前提示、事中预警、事后提醒，实现数据驱动的管理，让领导能够第一时间获取决策信息。

6.2 要素二：支撑全场景的平台化核心能力建设

建筑行业数字化、智慧化转型的关键在于用平台化思维重新构建系统。所谓平台化，就是给存在相互影响和相互依赖的双边或多边群体提供一个空间，满足大家在这个空间中的彼此利益，与传统 IT 系统相比，平台化最大的特点是访问空间的群体之间构建形成了网络效应。以建筑运营为例，优秀的数字化运营措施可以给建筑的用户带来更多的收益，同时因为精细化运营让用户有更好的体验，通常这会影响更多的潜在用户采购、租赁、使用建筑的运营服务，而用户人数的增加又会催生运营方不断优化运营方案，从而形成了双边网络效应。同样，网络效应也可以延展到运营和运维之间、设计与交付实施之间，图 6-6 所示是业务平台、数据平台双驱动示意图。

图 6-6　业务平台、数据平台双驱动示意图

建筑平台化的做法：将建筑行业的核心能力以服务化的形式沉淀下来，由业务平台和数据平台构建起数据闭环运转的业务运营体系，供业务相关方更高效地进行业务探索和创新，以数字化资产的形态构建建筑核心的差异化竞争力。

平台化也可以带来很多好处。

6.2.1　统一业务平台支撑业务链全局数字贯通

前面的传统集成部分，介绍了过去的孤岛式思维、"烟囱式"系统建设方案，这些系统可能仅仅是针对局部业务环节进行单纯的技术升级，如用人脸人工智能技术代替传统人工打卡方式等。若是各个业务环节都从自己的局部视角出发独建各方系统，缺乏全局视野，设计不知施工，施工不理运营，就将导致各系统中的数据出现大量割裂（也称为数据孤岛）现象，无法发挥数据智能的价值。由于彼此间错综复杂的业务依赖与交互，如果想在系统间发生业务联动，就面临成本高、时效差等障碍，形成子系统孤岛链，如图 6-7 所示。

从业务全局的角度来看，全局优化效果一定会大于局部优化效果，只有从全局的视角进行完整的优化才能给业务带来质的提升。以建筑行业最典型的运营问题为例，以往的运营方往往认为只要关注建筑的用户，通过及时更新用户需求调研和经验支撑的精细运营来留住资源即可。但运营进行的用户需求调研其实在整个业务链中已经处于设计、施工的下游和运维的上游,要对运营做优化,离不开下游运维的设备健康度数据,同时也受制于上游设计与施工的效果,而当前运维的反馈数据往往都是以周／月为单位传入运营环节的,运营当前的需求信息则更难传递到设计与施工的环节,不同业务环节之间逐层传递,而且可能还是单向传递的,这些都是"烟囱式"系统的典型特征。这种数据的传递效率、业务联动性无法让运营环节的决策做到实时智能,只能面对这些"迟到的"数据进行决策,从而很难实现业务的全局优化。

系统A　　　　系统B　　　　系统C　　　　系统D

图 6-7　子系统孤岛链

平台建设可以实现业务数据的实时、统一和在线,利于业务的有效沉淀,进而实现业务的快速响应和探索创新。而且各业务单元基于同一套软件平台,可以在前端交互、业务逻辑、数据设计等方面进行业务解耦,抽象提炼出共性的复用模块,降低整个系统的业务逻辑复杂性,以便提升维护和升级的时效响应。

业务平台在整个业务链的全局贯通方面起着核心的作用。以建筑项目为例,其业务链路涵盖了规划、设计、施工、运营、运维等多个环节,在这些环节中,都会涉及设施设备、空间、用户等诸多业务要素,可以将这些多个业务环节中均会使用的业务能力沉淀到平台,以服务中心的形式同时向各个环节中的系统提供服务,业务平台架构示意图如图 6-8 所示。

基于对业务的全局梳理,业务平台解决了业务数据在不同系统中数据格式、标准不统一的问题,让数据在业务运行中就能实现高质量沉淀;通过平台的实时数据访问功能,保障业务领域访问和操作的数据都是当前最新的;结合数据的服务在线,让数据在平台上开放共享,从而很好地解决了前文所述的由于系统割裂建设而带来的信息墙和业务联动差等问题。

图 6-8 业务平台架构示意图

6.2.2 统一数据平台支撑业务优化链路闭环

基于数据驱动业务的目标，数据平台和业务平台是相辅相成的，共同构建建筑数据的运营闭环。数据平台不仅是为了提供大量的数据存储，以及比数据仓库更快的计算能力，更是为了让数据应用于实际的业务中，在业务交易和场景中发挥出智能决策的作用，优化业务，真正为企业创造价值和效益。

数据平台必须是业务、技术、数据的融合，要深入业务场景去挖掘价值，梳理可能与解决该场景问题相关联的数据维度。例如，建筑运营中空间舒适度的智能管控，即如何在保持能耗最优的情况下，不出现某一区域的舒适度过低的评价。这就和各个空间的日光朝向、不同区域楼层的人流分布、所在环境的历史偏好习惯、可再生能源构成等数据有或多或少的关系，而不是简单地通过区域历史的环境控制情况来被动地进行机器学习和预测。只有对这类场景进行了足够深入、细致的研究后，才能弄清楚在现有的数据体系中，需要增强获取哪些数据的维度，提升精度，甚至从外部生态数据中获取所需的数据来补充自身系统所缺失的数据，进而明确该用什么样的技术和平台来对数据进行有效采集、可靠存储和高效计算。

第6章 建筑智慧化的建设思路

数据平台的关键是数据资产化，但并不是所有的数据都可以成为资产，只有可控制、可计量、可变现的数据才能成为资产。如何衡量数据是否满足这些条件，就需要该数据平台具备基本的数据汇聚、开发、分析、洞察能力。如图 6-9 所示，数据平台在架构分为数据汇聚、统一数仓、分析洞察三层。

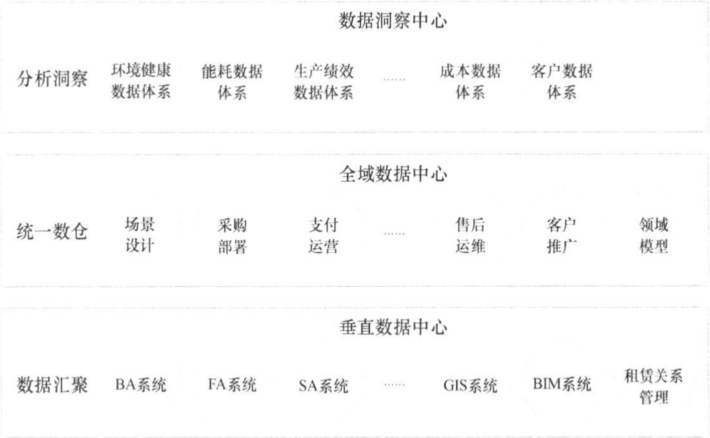

数据洞察中心						
分析洞察	环境健康数据体系	能耗数据体系	生产绩效数据体系	……	成本数据体系	客户数据体系

全域数据中心							
统一数仓	场景设计	采购部署	支付运营	……	售后运维	客户推广	领域模型

垂直数据中心							
数据汇聚	BA系统	FA系统	SA系统	……	GIS系统	BIM系统	租赁关系管理

图 6-9 数据平台架构

- **垂直数据中心**。汇聚各个业务场景中经过初步处理的原始数据，这里的数据可能来自多套子系统或第三方环境，数据格式及标准千差万别，所以垂直数据中心还承担着在保留原始业务数据的基础上，做数据的简单整合、非结构化数据的结构化处理等加工任务。

- **全域数据中心**。在垂直数据中心的基础上，进一步针对业务构建起一致的指标体系，形成统一规范的标准业务数据框架，汇聚形成全域数据。全域数据中心保证了所有指标的规范性和准确性，让大量的业务系统原始数据变成了各个业务部门都可信赖的公共数据，可支撑各种跨业务、跨部门的分析场景和算法处理场景。从垂直到全域，极大地提高了数据的可复用性，减少了用户从底层数据乃至原始数据中临时抽取指标的不规范操作和时间上的浪费，是数据资产化过程中的重要一环。

- **数据洞察中心**。在高度规范的全域数据中心的基础上，进一步围绕核心业务对象进行数据的分析与价值的挖掘，形成了各种丰富维度的画像指标体系。如针对建筑能耗，可以衍生出电能关键绩效指标（KPI）、用水 KPI、CO_2 碳足迹等，针对租户管理，可以叠加出空间利用率、分布偏差 KPI。

6.2.3　复用能力支持业务快速创新

使用平台方案更直接、更鲜明的一个优势就是模块功能的复用。复用能力是支持业务快速创新的关键。

在如今的移动互联网时代，行业、企业的业务边界正在逐渐被打破，OT 行业以往所依仗信息不对称、资质、规模等形成的竞争壁垒正在被 IT 信息化的冲击下变得不再"固若金汤"。建筑行业的相关利益方如果无法让自己在这个瞬息万变的时代具备更强的业务探索和业务创新能力，则无法与竞争对手拉开差距。

比竞争对手更快地占领一片新的业务领域，更早"吃透"用户的真实需求，是一家企业核心竞争力的重要体现。如今传统行业的业务创新几乎很难脱离技术的支撑，如火如荼的大数据、物联网、人工智能等创新 IT 技术都被作为 OT 业务创新的技术新驱动力。这些创新 IT 技术如何快速建成系统并投入实际使用进而推向市场，时间是关键要素。

建设一套能力复用平台的目标就是为了让可复用的业务能力通过沉淀形成基本底座，再通过业务能力复用以及各业务板块之间的联通和协同，确保关键业务链路的稳定与高效，提升业务创新的效能。在技术实现上，这套平台的落地可以采用微服务架构。

在业务建模上，可以采用领域驱动设计（DDD）方法，通过划分业务限界的上下文边界，构建领域模型，再根据领域模型完成微服务拆分和设计。同时能力复用平台还可以面向前台应用提供基于应用程序接口（API）级的业务服务能力，将领域模型所在的微服务和微前端组合为业务单元，以组件的形式面向前台应用，提供基于微前端的页面级服务能力。业务中台建设完成后，前台应用既可以联通和组装各个不同的中台业务板块，即提供企业级的一体化业务能力支撑，又可以提供灵活的场景化销售能力支撑。能力复用平台的结构如图 6-10 所示。

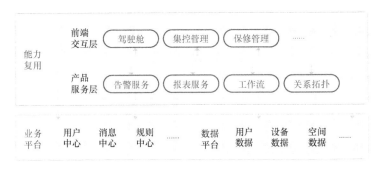

图 6-10 能力复用平台的结构

能力复用平台的每一层建设都是由自己下层的服务组合扩展而来的。如果基于当前平台具有的业务能力想给用户提供一个新的交互终端，则只需新的前端交互基于业务平台、数据平台、产品服务层的业务复用能力进行组合编排，就能快速实现新终端的建设，这比传统建设模式的需求响应速度提高了几倍。如果是新建一个产品应用，则只需在产品服务层基于业务中台、数据平台提供的服务能力进行组合、扩展，即可快速构建新的产品和功能。采用这种平台分层组合方式建设的系统，比传统的从零搭建的方式，不仅效率呈倍数级提升，而且系统稳定性也更好。

6.3 要素三：重视协同能力再造

"协同"并不是新生事物，早在人类社会诞生之日起，协作捕猎就已出现，随着人类社会的发展，协同的含义越来越丰富，不仅包括人与人之间的协作，也包括不同应用系统之间、不同数据资源之间、不同终端设备之间、不同应用情景之间、人与机器之间、科技与传统之间等全方位的协同。协同办公可能是当下日常接触中最普遍的一种协同作业的模式，尤其是 2020 年新冠肺炎疫情的蔓延，加速改变了人们的办公方式，在家办公、移动办公纷至沓来，很多公司推出了各自的 OA 办公协同平台。其实除去办公这个垂直的板块，还有大量的板块也需要依赖协同。

协同是一种能力，是基于**数据共享机制上的联动水平**。数据只有被共享，价值才能得以提升，而提升的数据价值在很大程度上取决于数据被共享及被开放的范围。前面提到，建筑业务链的全局贯通导致对更大范围全场景的支撑，这不仅需要数据在企业内部和外部形成分享，还需要将业务链上下游优质的企业进行集成并融入整个平台。横向来看，需要支持业务上下游企业的网络协同；纵向来看，则需要解决分工组织的连接和协同问题，支持多个团队协同共建。例如，建筑运营的数据如果仅仅停留在统计报表上，那么这些数据产生的价值就只是作为能耗的统计结果，供运营方了解建筑的耗能情况。如果这些数据可以和运维环节的数据进行实时共享，则可以获悉哪些设备发生过故障，进而可能影响能源的异常消耗，运营方也就可以对全业务链上的能耗环节进行优化调整，降低能耗成本，进而直接带来经济收益，协同效应和价值图如图 6-11 所示。

图 6-11　协同效应和价值图

协同能力一样可以用平台化思路来实现，通过做成 SaaS 平台，以数字赋能的方式给相关利益方带来更多的价值。SaaS 平台保证了相关利益方的业务经营在一个统一的环境中，业务联动更加紧密和稳定，而且利益方可以通过 SaaS 平台源源不断地对外赋能，互利共赢一起成长。

SaaS 平台同样有利于团队内部的业务和技术解耦，共性和个性需求的分离，确保业务扩展的灵活性及技术的稳定发展。通过体系化地建立起服务提供者与服务使用者的协同机制，理清不同团队的功能职责和运营边界，保证产品/服务的设计开发规范统一，避免团队各自为政，随意发挥。SaaS 平台结构如图 6-12 所示。

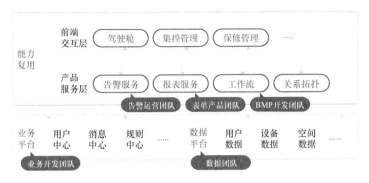

图 6-12　SaaS 平台结构

协同不仅是一个技术工作，还和组织管理有关。协同强调组织的扁平化和透明化，通过分工明确责任对象，通过分权归拢责任主体，通过分利调动个体积极性，使得价值链条上的各个主体彼此之间不需要像以前那样花费不菲的沟通协作成本，有利于加深相互间的信任感，提高工作效率，改善工作质量。

6.4　要素四：组织结构的转变

承接前文，协同体现了组织管理方式的变化，而组织恰是建筑智慧化转型中常被忽视的一环，技术变革要真正生效离不开相匹配的组织结构与适合的外部环境。随着行业竞争的加剧，消费行为也在发生剧烈的变化，原生代的数字消费者更强调个性化，这便构成了数字化转型的外部环境。外部变化对企业提出了更高的要求，需求的迭代频次和速度也越来越快。

外部环境的压力和技术革命的内在催化，使得新商业模式、新组织结构、新业务成为必然。

原来的建筑信息化团队遵循的是工业时代那种职能型组织结构。这种结构职能分工清晰，但涉及跨部门协作时，效率就极其低下，这就是所谓的"部门墙"现象。职能型组织结构如图 6-13 所示，产品设计、智能运营、服务保障，这些业务部门都会对 IT 研发部门提出建设需求，即使有上一级部门（信息化负责人）进行协调，依然会导致 IT 系统建设是针对各自的部门，在不同系统之间数据不共享、不开放等问题突出。这种职能型组织结构强调的是流程化、强管控。

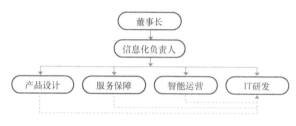

图 6-13　职能型组织结构

新时期的数字化竞争来自未知业务需求的可能性会越来越大，击败你的对手并不一定来自当前行业，更有可能是来自其他行业的降维打击。之前那种以管控为目的的组织结构弹性不足、灵活性不够，所以就需要相呼应地建设以业务为导向的业务导向型组织结构，如图 6-14 所示。

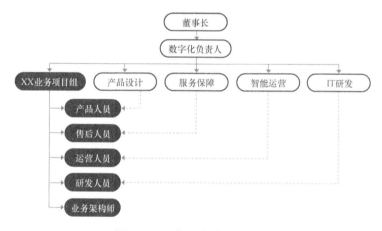

图 6-14　业务导向型组织结构

这种以业务为目的的组织单元，将来自不同部门的成员组织在一起，针对指定客户群体提供一站式服务。在同一个目标下，工作的协同性和积极性都会得到大大提升。而且这种跨专业、跨职能的组织形态，还有利于不同背景的人员互相学习借鉴，不断提升专业能力，形成人才能力的升级。这里比较关键的角色是业务架构师，他需要带着业务的视角带领团队朝着核心能力打造的方向前进，保持整个团队的认知高度统一，是"精通业务、懂技术"的复合型人才。

数字化、智慧化的变革机会带给组织结构的调整是巨大的，这势必对原有的管理、考评方式产生影响，所以离不开高层领导强有力的支持。互联网带来了去中间化的思想，强调减少交易层级、减少组织层级，提升交易及组织效率，降低交易及组织成本。这种思想运用到组织结构上就是业务导向的单元型、扁平化、松散型组织结构，它既具备柔性又相对灵活。当"组织力"变成一种"号召力"时，建筑智慧化才更有希望。

6.5 要素五：主动式服务、交互智能

传统的建筑智能化项目所关注的重心为设施设备和固定资产，这均属于外在的硬实力，相比之下关注软实力的（软件服务）则寥寥无几。例如，设备运维、资产管理、故障保修都是围绕建筑内的各类设施设备做文章的，虽然现在对于能源、空间的运营管理越来越重视，但和普通用户直接相关的服务性功能还是不多。

"人"是服务核心，变"被动服务"为"主动服务"。

移动互联网等新技术让建筑用户有机会更好地反馈自己的诉求，通过多种交互终端（移动端、小程序、Web 管理平台等）给建筑的运营方输出己方当前的意见，如对环境是否满意、设备使用是否正常、空间是否拥挤等。

相比于传统做法，新时期的建筑智慧化转型会更看重用户交互和数据驱动下的主动服务，这和新制造业转型的方向是一致的。例如，制造业强国德国生产性服务业占服务业的比重为 70%，而我国这一比重只有 40%，还有很大的提升空间。建筑智慧化的发展路径可以借鉴这一模式，让服务商能更好地触达用户，以结果为导向为其提供专业的服务。

建筑智慧化服务的目标和核心是以人为本，通过满足用户的需求实现自身的目的。所以该服务有两个目标：提升用户体验和协助用户实现自我价值。以建筑运营租赁为例，如果现有用户觉得体验不好，对服务不满意，就会降低用户的黏性，难以吸引和留住这部分用户，也会大大影响智慧建筑运营方的空间租赁计划。反之，如果主动提供越来越丰富的定制化服务，则可以大大增加建

筑租赁的成功率。对于建筑的用户而言，通过运营方提供的灵活、个性化的移动健康管理工具，可以增加用户的自我认知和交互成就感，同时主动调整办公环境也使得用户的工作状态更好，相应的工作产出效率更高。

被动服务代表的是粗放式管理，主动服务体现的是精细化治理。通过变被动为主动，建筑智慧化可以锤炼服务水平，更好地满足用户的需求。一切皆服务，任何用户需求都可以以服务的方式满足。以往是用户全然接受建筑运营方的供给，现在由于平台上的数字能力将会面向用户通过各种用户终端提供相应的服务，用户的任何反馈、投诉、点评甚至所提的建议都会以数据的方式被平台采集和分析，运营方可运用大数据精准定位用户的需求，主动及时调整自己的运营方向，选择性地推出更贴近用户的服务，让服务变得更智能、更具预见性与规范性。

6.6 要素六：强化产业生态合作

建筑产业是一个相当复杂的行业链条，不仅可以按前文所述的规划、设计、施工、运营、运维来分类，还可以按硬件设备制造厂商、现场控制器供应商、边缘计算服务商、云端服务提供商、应用开发商等角度来垂直划分。无论是哪种分类方法，都会发现做好建筑智慧化不是一家公司可以包办的，需要各方群策群力，一起围绕这个共同的目标去努力。

解决全场景全链条的平台化建设方式，让业务模型和共享数据以服务的方式开放给整个产业生态圈，这些机构组织面对公平、开放的资源，可以选择发挥自身的优势，更有效地整合这些资源，创新业务，更好地解决建筑使用中存在的问题，改变建筑用户的生活方式，推进整体智慧化水平的发展。

IT 公司未必对传统 OT 公司的经验算法有足够的了解，即使通过采集反馈的大量数据进行机器学习，但就像前面介绍的那样，机器虽然能处理符号，却不能直接对它进行理解，而且很多知识经验是无法直接用数据来反推取得的，所以 OT 行业的背景知识叠加行业经验对 IT 公司的智慧化分析是非常有帮助的。同样，OT 行业专家虽然对于建筑有自己独到的经验，但如果对云计算、

第 6 章 建筑智慧化的建设思路

大数据分析、数字孪生等技术完全不懂,那么要想利用新技术加速传统行业的创新也是举步维艰的。所以对 OT 行业专家和控制工程师进行基于网际互联协议(IP)的 IT 技术培训和交流合作也非常有必要。

基于群体智能的社会化开放创新生态环境使建筑智慧化迎来第二春。简单的企业集聚、行业集聚和注重产能的时代已经过去,创新驱动、平台支撑、技术保障、人才主导的产业生态合作成为新的潮流。未来的智慧建筑主体将不仅借助平台打造自己的新业态、新服务,同时也将开放服务于其他业态及合作伙伴。智慧建筑生态合作图谱如图 6-15 所示。

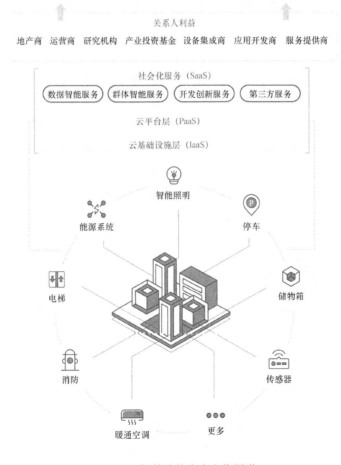

图 6-15 智慧建筑生态合作图谱

在建筑智慧化转型的大趋势下,由地产创新部门、创新型研究机构、产业投资基金、设备集成商、专业服务商以及创客个体等经济单元协同构筑的创新生态体系,将成为未来建筑新业务、新服务的价值来源。创新不是闭门单干,而是需要联合更多的行业合作伙伴,携手共进,在多个领域强化创新驱动,更深入地整合、跨界、融合,取长补短,衍生出无穷的可能,给用户提供更好的服务体验,甚至营造出全新的商业领域。

第 7 章
国内外建筑智慧化的平台探索

建筑智慧化的发展和国家经济、政策支持、城镇趋势、科技水平等因素息息相关，它在国内外又表现出一些不同的特点。一个典型的例子：国外注重行业内驱的发展方式，自下而上逐步改造升级；国内则带有鲜明的政府政策导向，无论智慧城市的兴起，还是建筑节能减排的双碳要求，都是由上往下助力行业加速变革。此外，国外在智慧建筑方面的实施规范、验收标准，以及执行层面的团队组织也都和国内有不小的差别。

平台化是智慧建筑建设的典型路径，通过业务领域的共性能力和个性需求分离，打造数据和业务的双平台组合。这一建设方针具体到国内外从事建筑智慧化的几个大公司来看，又各有特色和侧重点。以下就以建筑智慧化新兴市场为大背景，展开介绍国内外厂商各自发展情况。

7.1 国外的智慧建筑实践

智慧建筑市场，国外的主流企业代表主要有霍尼韦尔、江森自控、西门子、施耐德等。它们对我国建筑市场的关注点，大多定位在高端市场和一线城市，聚焦在那些看重品牌资质、五星级酒店、高档写字楼、综合性机场、大型医院等用户，提供整体的端到端智能产品和解决方案。

7.1.1　江森自控 OpenBlue 数字化平台

OpenBlue 是江森自控 2020 年推出的一整套互联解决方案，以江森自控 100 多年的建筑专业知识与尖端技术为支撑，强调可持续、用户健康体验和安全保障三大重心。这套解决方案所依托的数字化底座称为 OpenBlue 数字化平台，它提供一系列集中式的数据分析和可扩展的业务服务能力。OpenBlue 全景图如图 7-1 所示。

图 7-1　OpenBlue 全景图

OpenBlue 数字化平台的典型架构如图 7-2 所示。

OpenBlue 数字化平台的战略核心是以人为中心，将空间、人员、技术三者有效地融合在一起，运用微服务和人工智能等新技术，形成一个可自我配置和自我适应的环境。

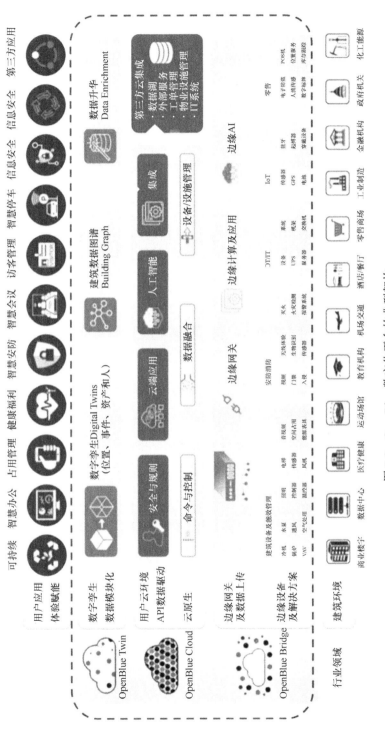

图 7-2 OpenBlue 数字化平台的典型架构

OpenBlue 数字化平台分为三层：边缘层（OpenBlue Bridge）、云平台（OpenBlue Cloud）、数字孪生（OpenBlue Twin）。OpenBlue Bridge 解决边缘接入，同时也提供适当的边缘计算及人工智能的功能。OpenBlue Cloud 提供基于云原生的设备管理、数据融合、通用应用环境搭建等功能。OpenBlue Twin 提供人、资产、事件、位置的多维度数字孪生服务和关系图谱等功能。

基于 OpenBlue 数字化平台，江森自控进一步提供了一系列专业的 SaaS 化应用，其业务图谱如图 7-3 所示。

1. OpenBlue EM

OpenBlue EM 又称江森自控企业管理系统（JCI Enterprise Management），它包括能源管理、设施管理、维护管理、租户管理、财务管理、智慧体验、空间管理、数据可视化和 App 应用九个板块。

从不同用户视角组合不同板块，最终可形成不同的目标效果。六类人群用户对 OpenBlue EM 的各自应用诉求如图 7-4 所示。

OpenBlue EM 比一般的建筑管理平台强的地方就是将江森自控百余年的行业经验一点一滴地沉淀在平台的方方面面。

- 能源管理中对能源相关的分析优化建议，依靠的是对能源异常的洞察力，包括能源基准、能源使用强度比较、能量密度仪表盘、能耗预测、结合天气情况的能源消耗算法等。
- 设施管理中对设备资产做异常诊断预测（FDD）以便向用户提供可行的行动建议，而不只是提供见解分析，江森自控尤其强调从发现到最后真正执行的有效闭环，丰富且细致的数据可视化大屏，预制提供一系列专业指标。
  - ✓ 能源管理包括能源趋势指标、能效指标、能耗供需对比、能源概览、位置统计。
  - ✓ 设备管理包括设备效率分析、机房设备性能趋势、水侧设备的性能趋势、风侧设备的性能趋势、设备故障预测和诊断。

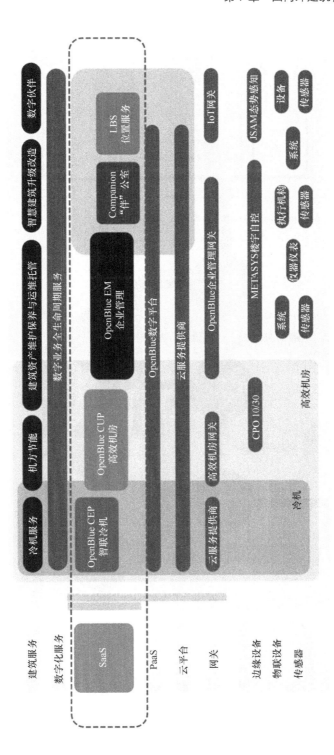

图 7-3 江森自控 OpenBlue 业务图谱

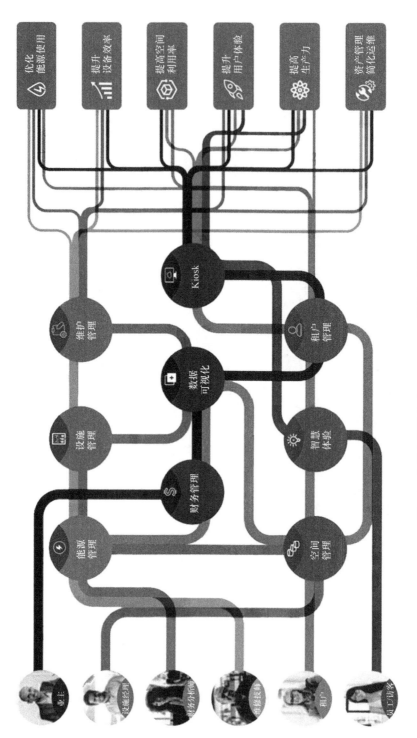

图 7-4 六类人群用户对 OpenBlue EM 的各自应用诉求

✓ 财务管理包括投资回报率分析、财务支出追踪。

✓ 空间管理包括空间利用率及趋势等。

2．OpenBlue CUP（智控机房）

江森自控 OpenBlue CUP 应用如图 7-5 所示。江森自控 OpenBlue CUP 和 OpenBlue EM 一样，是专注行业纵深的，通过江森自控积累的大量行业数据进行模拟预测，同时运用模型预测控制算法进行优化，提升机房的能效比（COP）。

图 7-5　江森自控 OpenBlue CUP 应用

3．OpenBlue CEP（智联冷机）

江森自控 OpenBlue CEP 应用如图 7-6 所示。江森自控 OpenBlue CEP 通过提供水机的健康度指标管理，为运营人员提供相应的辅助分析，用以发现机组的低效运行工况，及时做出处理，规避风险。

图 7-7 所示是江森自控 OpenBlue CEP 提供的水机运行报告，它可以为设备管理人员提供决策支持。

4．OpenBlue 总结

江森自控提供一套基于云的数字化基础平台，同时在其上依托行业经验，沉淀出 OpenBlue EM、CUP、CEP 等专业 SaaS 应用，体现了从传统的关注设备向关注技术服务、关注体验的转变。但其相对也有一些局限性问题，如带有较强的江森自控烙印，大多数接入的设备、系统都要是江森自控自己的产品体系，这样后续的数据积累才有效。另外，这套平台的国内落地进展相对较慢，可提供的典型案例不多，交付资源的本地化也是其短板之一。

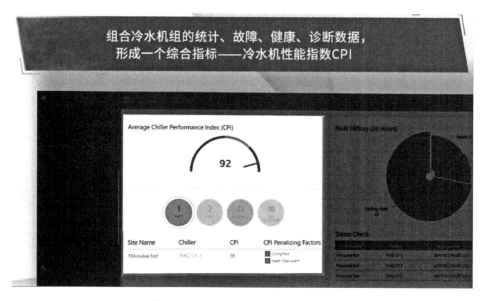

图 7-6　江森自控 OpenBlue CEP 应用

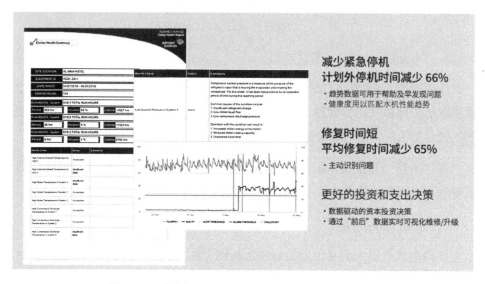

图 7-7　江森自控 OpenBlue CEP 提供的水机运行报告

7.1.2 霍尼韦尔 BPS

霍尼韦尔作为老牌的 BA 产品服务提供商，在万物互联、大数据快速发展的形势下，也于 2015 年面向我国市场发布了其旗舰级智慧楼宇服务管理平台（BPS），希望帮助业主和物业经理提高运营效率，降低运营成本和能耗开支，提升用户满意度。

BPS 属于将传统控制技术、企业级系统集成技术和最新的物联网、云技术进行深度融合的智能化集成平台产品，以服务化为中心，提供各类应用与基于大数据分析的专业专家级服务，从而帮助业主和物业经理，在实现运营管理流程标准化的同时，提高运营效率，降低运营成本，有效提高用户满意度，从而在全生命周期中提高建筑价值，改善品牌形象。

BPS 主要的使用人群是业主、物业管理层，所以需要以更直观有效的方式提供集成管理、展示仪表、业务场景模式等高阶功能。这里的集成比普通楼宇管理系统更宽泛，会涉及类似数据采集与监视控制（SCADA）系统和生产信息化管理系统（MES）等方式的三方产线系统，也会涉及企业资源管理 ERP、SAP 这样的业务流程管理系统，这些也是造成 BPS 对应的上层 IBMS 更像一个 IT 集成型系统的原因。

BPS 的系统架构图如图 7-8 所示。

BPS 系统分设备层、数据交互层、平台层、应用层、展现层五层，具有很多优势。

1. 在业务领域方面

- BPS 从数据驱动的角度出发，让楼宇运营充满"数据感知"。无论是大数据集成，还是智能报警筛选、工单流程管理、系统集成、模式管理，都依赖数据，以数据来驱动运营效率的提升。此外，BPS 基于长期的行业经验，还提供建筑关键数据指标进行计划撰写和调整运营计划，让数据有效地指导管理工作。图 7-9 和图 7-10 所示是 BPS 集成监控和数据诊断分析。

数智融合：楼宇智慧化转型之路

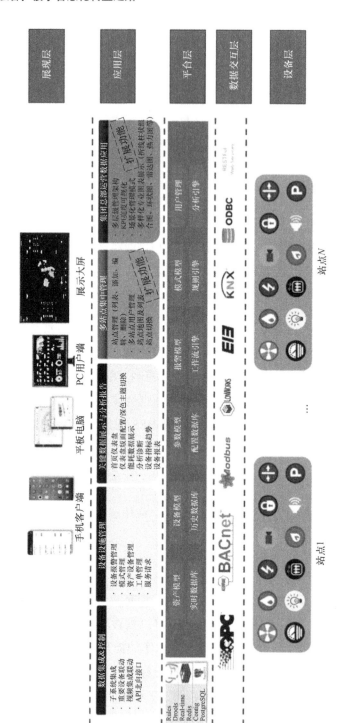

图 7-8 BPS 的系统架构

第 7 章　国内外建筑智慧化的平台探索

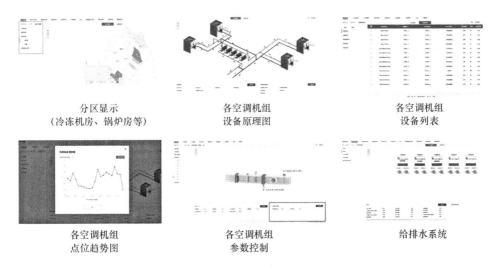

图 7-9　BPS 集成监控

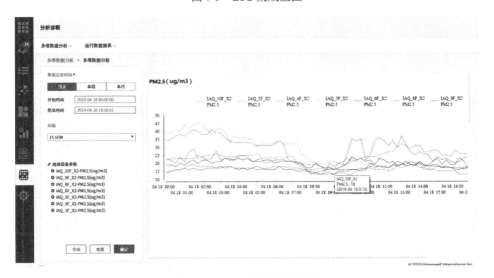

图 7-10　BPS 数据诊断分析

- BPS 以运营、运维服务为核心提供一系列开箱即用的既有功能块，BPS 管理视图如图 7-11 所示。其主要内容如下。

  ✓ 物业管理标准运营流程。

  ✓ 报警梳理与优化展示。

  ✓ 设备台账与工单管理。

- ✓ 多站点管理。
- ✓ 开放性系统集成。

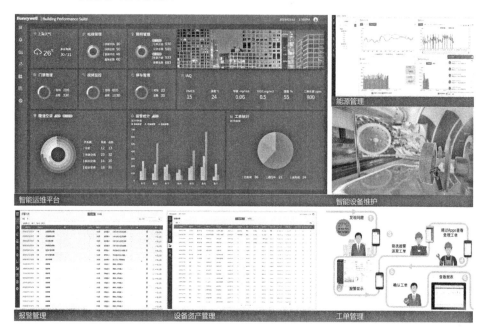

图 7-11　BPS 管理视图

2. 在 IT 先进性方面

BPS 的定位是一个基于 IT 及云计算技术的建筑运营管理平台产品，它覆盖了物联网关、云平台和应用层。

- 部署方面，采用了 Docker 容器虚拟化技术，支持快速部署与升级，摆脱传统物理机的模式，减少额外硬件的采购，提高基础架构的利用率，同时结合开发运维一体化 DevOps 技术提高系统稳定性和可用性，通过负载均衡（SLB）、动态迁移、故障自动隔离、系统自动重构等预案，构建高可靠性的服务器应用环境。

- 存储方面，采用非关系性数据库 Cassandra，保证历史数据的海量存储和按需平滑扩展，同时还提供远程字典服务（Redis）这样的实时热数据查询和更新。

- 服务化，使用 Service Mix ESB 企业总线方案，实现面向消息、面向服务、面向事件驱动的架构。
- 业务流，使用基于业务流程建模与标注（BPMN）的 Activiti 工作流引擎作为工单系统的核心，规则引擎（Drools）作为报警系统的核心，以适应用户的个性化需求。
- 用户界面（UI）定制，提供组态的系统工具和商业智能仪表盘（DashBoard）定制模版。
- 日志，基于日志收集系统（Flume）的海量日志采集、聚合、传输、处理及定制化能力。
- 开放 API，提供统一的权限管理网关。

3．BPS 总结

BPS 的基础并不比一些互联网公司所讹传的建筑操作平台弱，而恰恰由于其立足于传统硬实力，所以相对稳定、经验丰富，自下而上哪一层机会成熟了就把哪一层平台化、服务化。当然，它还存在一些问题，如图形化 UI、数据分析、业务流等比 IT 公司的实力还是稍显薄弱的；BPS 的整体设计开发离 IT 公司的微服务、领域驱动开发也还存在一定的距离，这使得整个软件的开发和交付成本还显得偏高；另外，未来适应新场景时可能存在研发短板。

7.1.3 西门子 Desigo CC

西门子 Desigo CC 是一套相对灵活的智能建筑管理平台，力求以最有效的方式管理设施设备，提供最优的控制。所以其重点停留在设备层面，与江森自控、霍尼韦尔相比，它对空间、人员和事件的关注点显得薄弱。

1．系统架构

Desigo CC 系统架构如图 7-12 所示。Desigo CC 采用模块化设计，提供智能导航功能，能够以一种最简单和最专业的用户界面来呈现所有的相关信息和数据。Desigo CC 目前提供的西门子楼宇智能化系统综合管理功能包括舒适控制、能源管理、消防、安防、照明、电力等。

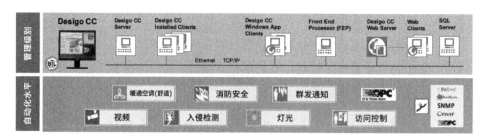

图 7-12　Desigo CC 系统架构

2. Desigo CC 核心能力

- Desigo CC 提供多种趋势记录数据和历史数据的查询（连续型、单次查询、指定时间内查询），其趋势图功能如图 7-13 所示。

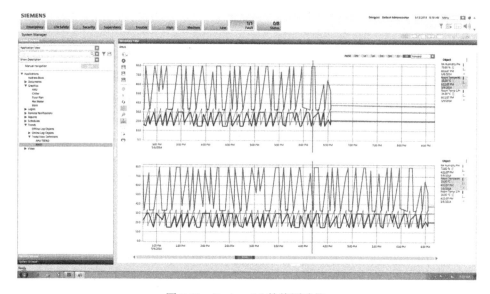

图 7-13　Desigo CC 趋势图功能

- 支持基本报警（Basic Alarm）、简单报警（Simple Alarms）、扩展报警（Extended Alarms）三种报警类型，最多有 256 个报警优先级，其报警事件管理如图 7-14 所示。

第 7 章 国内外建筑智慧化的平台探索

图 7-14 Desigo CC 报警事件管理

简单报警和扩展报警需要匹配相应的行业知识，并加入 SOP 辅助方案，引导相关人员完成预先配置的操作程序。例如，针对消防、安防提供扩展事件处理，主要内容如下。

- ✓ 确认、静默和重置事件。
- ✓ 包括/排除（隔离/解除隔离）指定的系统与设备。
- ✓ 通过电子邮件自动发送远程通知给响应者。
- ✓ 为操作员提供操作流程检查表，指导事件的处理。
- ✓ 连续显示最新、最高优先级的事件。
- ✓ 通过导航，直接跳转到事件触发的源头。
- ✓ 跨多个 Desigo CC 的分布式事件管理。

- 日程管理对程序和过程进行时间控制，确保节能运行，这些功能可以存储在本地 BA 工作站，便于自闭环，同时也支持由管理平台下发，其日程表管理如图 7-15 所示。

3. Desigo CC 的特色

Desigo CC 的特色如下。

- 简化复杂的建筑控制和多建筑网点的运作。

数智融合：楼宇智慧化转型之路

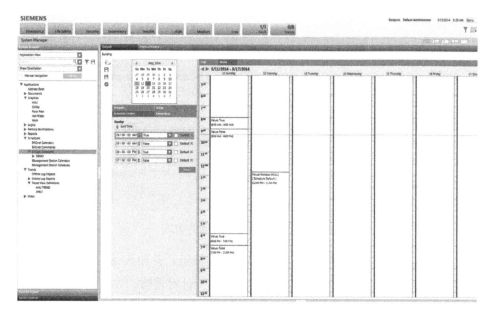

图 7-15　Desigo CC 日程表管理

- 通过一个简单的界面，系统全面控制和管理运作。

- 随时随地监控系统，实现在线管理。

- 快速解读控制数据，达到优化系统和节约成本的目的。

- 通过时间安排设计中央系统集中编程，节约劳动力。

- 提供即插即用控制器。

- 完美的系统层控制应用协作。

- 人性化的设计和友好的网络图形界面。

- 灵活性、可编程以及为终端机箱控制设计的楼层级可编程控制器。

4．Desigo CC 总结

西门子对 Desigo CC 的定位是一个面向下一代的建筑管理平台，其重心更多地放在对传统智能化的优化及用户管理侧的定制调整。虽然最近几年也在加强软性基础的建设，如能效计算、用户舒适度应用、指标合规性管理，但毕竟占比还很小。总体还是以 BMS 建筑传统管理业务为主的控制型平台。

7.1.4 施耐德 EcoStruxure

施耐德认为，未来建筑中通过物联网接入的智能设备的占比会越来越高，所以 EcoStruxure 就是施耐德针对 IoT 物联网技术广泛应用的建筑场景所打造出的一套建筑开放创新平台，本地/云端均可独立部署。其目的是最大限度地提高建筑效率，优化舒适度和生产力，以及增加建筑价值。

1．系统架构

EcoStruxure 系统架构如图 7-16 所示，这是施耐德按照 IoT 物联的理念打造的一整套可扩展、可开放和保安全的架构。

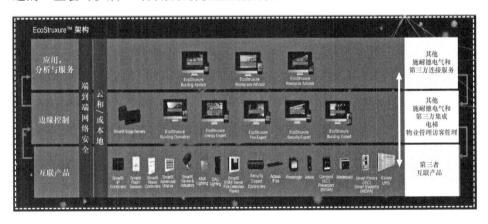

图 7-16　EcoStruxure 系统架构

2．EcoStruxure 的核心能力

EcoStruxure 的核心能力如下。

- 支持集成各类开放协议，包括 LON®、BACnet、Modbus®和 Web Service 网络服务，打破传统信息孤岛。

- 一套平台环境下监控和管理建筑系统、设备，支持移动端、浏览器等多种方式随时随地管理。

- 提供开箱即用的报告和趋势工具，如拖曳式设计建筑趋势报表、交互式图表、日程调度和易于使用的警报。

- 支持施耐德电力、数据中心及其他业态的企业跨域集成和优化。

- 可轻松整合三方 Web 服务以访问外部数据，如天气、公共账单等。

- 通过一系列的网络安全措施，防范恶意的攻击。

- 提供基于云计算的分析和建筑性能预测服务。

EcoStruxure 特色功能及价值如图 7-17 所示。

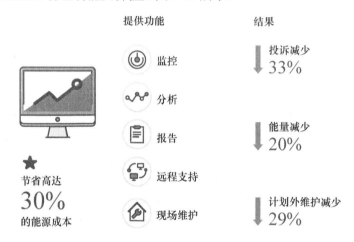

图 7-17　EcoStruxure 特色功能及价值

3. EcoStruxure 的技术特色

EcoStruxure 的技术特色如下。

- 基于 IP 网络，提供 IT/OT 相结合的建筑管理系统。

- 提供了一批标准应用工具，如对报警的排序、过滤、分组，对组件库的更新、自定义，电力健康和质量指标，图形化矢量控件，如图 7-18 和图 7-19 所示。

- 更易于支持，部署运营成本更少。

- 利用云计算灵活弹性的设计架构，提供更快、更可靠的网络联结。

- 优化建筑性能，以便最大限度地提高能源效率。

第 7 章　国内外建筑智慧化的平台探索

- 差异化、个性化的用户视图，精细化的报警管理。

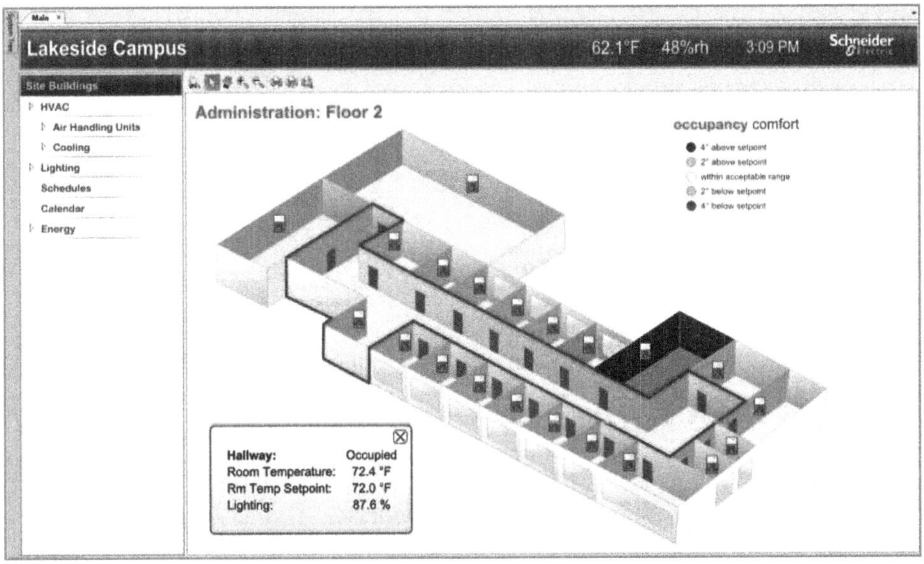

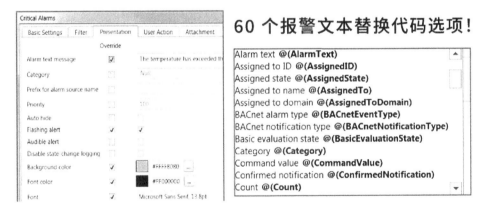

图 7-18　EcoStruxure 监控视图

图 7-19　EcoStruxure 报警配置

4．EcoStruxure 总结

EcoStruxure 是施耐德为了迎合物联网大趋势所打造的一套开放创新平台，包括智能设施、边缘控制、云端应用多层面的数字化创新产品。从架构图上看，施耐德其实是分门别类的，产品覆盖各类 IP 联网设备，现场安防、消防、能源管理专家工作站，云端建筑顾问平台。

EcoStruxure 的强项是能源管理，所以无论是提高建筑能效、改善租户舒适环境、提升工作效率，还是增加建筑的保有价值，能源一直是施耐德极力打造的重点。相比于传统建筑控制管理平台，EcoStruxure 在用户使用方面做了不少工作，图形化、工具化也有很多亮点，运营管理的角色功能相对较多，包括所开发的应用 App 程序也是从降低能源成本、提高运营效率的角度出发的。

7.2 国内的智能建筑实践

到 2025 年，全球建筑的存量增长将超过 13%，到 2050 年，65%的世界人口将生活在市区。我国的城镇化进程仍在加速推进中，越来越多的人口将进入城市，建筑作为居住的载体，被赋予更多的智慧化用途。加上国家对数据隐私、数据安全的重视，国内企业相比外资建筑企业，在平台方面会更有优势。

数字化转型兴起后，OT 行业正愈加感受到 IT 企业对这块市场的志在必得，技术和行业的壁垒从没有像今天这样脆弱，传统建筑智能化企业面临的竞争和威胁很可能不是来自眼前已知的行业内竞争对手，"赢了所有竞争对手，却输给了时代"的例子在今日不是个例。互联网的降维打击给 OT 行业的业界领袖们带来了很大的冲击，守着当前的优势不去做出改变将很容易被时代所抛弃。

7.2.1 阿里巴巴 IBOS

阿里巴巴作为一家互联网公司，从 2015 年开始组建独立的建筑数字化平台研发团队，到 2017 年主持召开第一届智慧建筑行业峰会时发布《智慧建筑白皮书》，开启互联网公司投身传统建筑行业，用 IT 数字化技术加速建筑地产转型的新纪元。

IBOS 全称 Intelligent Building Operation System，即智慧建筑操作系统，是阿里巴巴内部对如何进行建筑智慧化的一个尝试，希望通过一个数字化的平台产品来服务建筑这块新业务，加速应用的孵化和服务的升级。从初期 IBOS 聚焦建筑运营服务到后期的 ReOS，逐步覆盖投融资、建造、运营、设备资管、市场营销等全业务链路,在产品、设计、施工多个领域形成核心竞争标准,同时,它还是一个生态合作共创、软硬件一体化的服务平台。

1. 整体架构

IBOS 整体架构如图 7-20 所示。

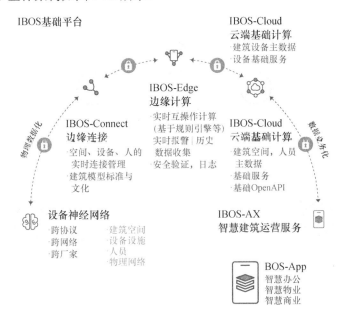

图 7-20　IBOS 整体架构

阿里巴巴通过和行业各相关合作伙伴一起定制行业数据及技术标准,在全连接能力、标准化能力、基础业务能力、数据能力、研发提升能力和技术能力六个方面,提供各类与建筑相关的配套服务,加速合作伙伴在这些方面的业务突破和创新。

1) 全连接

提供云(Cloud)、边缘计算(Edge)和终端(Terminal)一体化联结能力。面对设备的非标准化,通过设备驱动模块,提供统一的设备快捷接入方式,支持设备快速接入平台;对于无法直接接入云端的非智能设备,可以借助设备网关实现统一的设备数据收集分发,保证数据的完整可靠;在边缘提供规则引擎和基础计算模块,支持业务场景的本地化处理,灵活可变;基于边云协同，满足高效的数据上云，实现数据存储、同步、使用的实时性。

2）标准化能力

通过打造行业数据字典和标准化主数据模型，加强完善数据标准化效能。提供基于账号/组织/权限的分权管理以及空间、图纸、工作流、任务单、消息和报警等的数字化规范功能。行业数据字典包括材料库、隐患库、检查库等行业通用数据字典库；标准化主数据包括人员、设备、空间的标准化模型。

3）基础业务能力

平台按照聚焦业务、服务业务的目标，聚焦提炼了一系列的业务基础能力单元，包括支持统一账户的单点登录（SSO）服务，提供企业组织模型、功能权限和数据权限；支持业务流程管理（BPM）和钉钉工作流接入；提供带有行业工作模板库和快速开发表单的任务管理中台；对建筑空间、图纸模型的标准化定义、数字化解析、空间位置测算等空间服务。

4）数据能力

除数据存储、挖掘的通用能力外，还提供可面向不动产行业进行全域建模和离线数据分析的行业数仓；提供基于Flink/Blink工具的实时计算和实时数据场景分析、流批融合；提供基于行业全域模型及知识图谱的数据挖掘算法；提供高可用、低时延的海量数据实时查询，对外开放数据API管理及数据可视化组件等。

5）研发能力

基于阿里云的云原生开发和运维框架提供一系列后端研发脚手架工具，支持常用中间件和平台服务的快速接入；沉淀开发/运维一体化的最佳实践和运维支撑工具，包括开发、测试、部署、监控、运维的完整规范工具集；基于端开发框架提供配套的设计开发规范和相关开发组件库。

6）技术能力

重点打造区块链、知识图谱、算法中台核心技术能力，通过区块链技术提升供应链的溯源跟踪，保障资金安全可信；通过建造过程图谱和业务结构图谱支持成本合约的管理；通过算法中台辅助投资预测、空间规划、工地监控、参数调优和异常检测。

2. IBOS 总结

阿里巴巴作为互联网公司中一家最早意识到数字化、智慧化对传统建筑转型意义的公司，基于自身的业务、技术特色，通过建立一揽子数字化服务平台、生态开放平台，提供基础通用能力，同时联合更多的合作伙伴和专业生态供应资源，立足平台，打造相关行业专业技术及服务能力，并通过 SaaS 应用为业务提供解决方案。

IBOS 通过六大功能，给运营、运维、资管等各业务方提供配套基础服务和工具，力图打造智慧建筑全生命周期管理的统一数字化平台。让数据"活"起来，给建筑的使用者提供更轻松、高效、便捷的智慧化服务，但是相关专业的深度还需要进一步做稳做扎实。

7.2.2 华为沃土数字平台

华为在 2019 年发布了沃土数字平台。该平台以云为基础，通过优化整合新兴 ICT 技术，融合数据，打造数字世界的底座，使能客户实现业务协同与敏捷创新。

1. 沃土的定位：数字世界的底座

华为希望借助沃土数字平台，与客户、伙伴一起架构美好的智能社会未来，共同打造万亿数字化产业。产业数字化是未来的趋势，也是将来市场的新蓝海，而 ToB 的转型需要多种技术的结合，如物联网技术、人工智能技术，以及数字孪生技术等，这些技术抬高了构建业务场景的门槛，导致系统增加了复杂性。所以构建沃土数字平台的目的是为了简化这个过程，通过提供这套数字平台，将新技术、新能力打包整合输出给客户、伙伴，让其更好地开拓业务、创新价值。

2. 华为沃土数字平台架构

华为沃土数字平台整体架构如图 7-21 所示。

图 7-21 华为沃土数字平台整体架构

3. 特色及优势

华为沃土数字平台具有行业沉淀、技术融合、能力开放和高效编排等特色及优势。

1）行业沉淀

源于华为自身数字化转型实践，和客户伙伴联合创新，封装人工智能、物联网、大数据等 10 项技术，沉淀数百项行业经验服务，涵盖业务资产、集成资产、数据资产；提供智能运营中心、综合安防、便捷通信、资产管理、设施管理、能效管理、环境空间、高效办公等通用业务场景。华为沃土数字平台行业沉淀优势如图 7-22 所示。

2）技术融合

融合人工智能、物联网、大数据等各种 ICT 技术，同时通过自研分布式数据库，快速构建端到端的智能数据系统，打破烟囱式的 IT 架构，将数据与新

第7章 国内外建筑智慧化的平台探索

兴技术深度融合,实现关键业务场景的快速适配。华为沃土数字平台技术融合优势如图7-23所示。

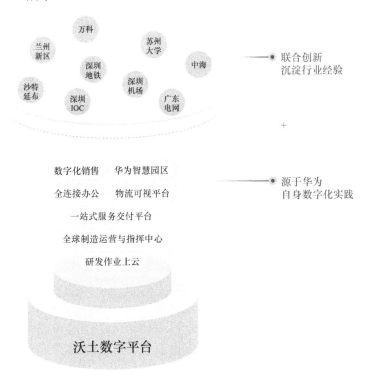

图7-22 华为沃土数字平台行业沉淀优势

图7-23 华为沃土数字平台技术融合优势

3）能力开放

通过组件化、模块化、多环境部署等 IT 技术将能力外放，提供集成客户、合作伙伴的二次开发与集成交付的平台能力，同时也支持客户进行应用定制。

通过能力开放与伙伴共建、共享行业知识，提升行业知识的可复用性。

4）高效编排

通过提供丰富的编排式应用开发工具和预置集成能力，支持 ISV 快速交付，提高交付效率，支持客户运营。华为沃土数字平台高效编排工具优势如图 7-24 所示。

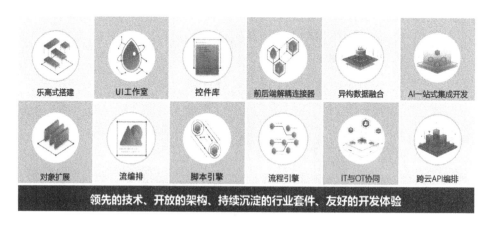

图 7-24 华为沃土数字平台高效编排工具优势

这里需要补充说明华为沃土数字平台和华为 Roma 平台的关系。Roma 定位为融合集成平台，完成数据、应用和三方平台的集成融合，用以解决内部互通、内外互通、多云互通等问题。可以认为 Roma 是沃土数字平台的一部分，是数字化全连接的基础，通过将分离的系统、数据等要素集成到相互关联的、统一的、协调的系统之中，解决系统之间的互联和互操作性问题，使资源达到充分共享，实现集中、高效、便利的管理，产生更加丰富的应用。

4. 华为沃土数字平台总结

沃土数字平台是一个数字化基础通用平台，其最大的特点是提供了数据、应用、系统快速集成，数据标准化融合的能力，然后在此基础上构建工作流、业务编排、大数据分析等服务引擎，为行业合作伙伴赋能。总体来看，行业专业知识，如知识图谱、专家库等方面的平台化沉淀相对简单，还是以 ICT 新技术融合支持上层行业解决应用为主要目的，也呼应着其构建"数字世界底座"的定位。

7.2.3 腾讯微瓴

微瓴（WeLink）的定位：一款深度适配智慧建筑场景的智慧建筑管理平台，针对建筑内的硬件、应用、服务等资源，提供物联、管理与数字服务，赋予建筑综合协同的智慧能力，并为建筑管理运营者与建筑业主方提供安全、高效、便利的建筑综合管理运营系统。它助力建筑行业数字化和智慧化转型，提升建筑的运营效率与服务品质，创造全新的服务模式及用户体验。

不难看出，微瓴是一个聚焦建筑管理的统一平台，不过微瓴当前还没有渗透到行业全产业链，重点还是在建筑的数字化运营上。这也是和阿里巴巴 IBOS 的不同之处，毕竟腾讯做微瓴的时间比阿里巴巴做 IBOS 的时间要晚。

1．微瓴平台架构

微瓴平台架构如图 7-25 所示，在整个腾讯智慧建筑体系布局中有两个物联操作层，底层是联结现场物理世界的，微瓴所在的一层则是联结云端数字化世界的，提供服务建筑业务的云端物联网数字化综合能力，如资产管理、视频查看、权限管理、场景的逻辑工具等。

能力聚合是针对建筑行业的专有 SaaS 服务，如能效优化、视频人工服务、空间服务，这是基于行业服务沉淀，抽象聚合出的建筑业务专属能力。

此外，微瓴在制图规范方面，通过发布微瓴标准图集去引导和标准化设计院的制图过程，结合 BIM 技术，让规划、设计、施工相关部门可以在一套协同平台上进行操作。

从本质上看，微瓴最初就好比一个物联网平台，提供包含物联接入、应用接入、消息服务等底部基础能力，通过和空间数字化技术、多系统联动、人工智能数据分析等结合,实现人、空间、设备、服务四者的信息互通与协同联动。后期则进一步叠加提供如报警中心、BI 看板等组态配置工具集合的业务组件魔方和加速业务流程可视化开发的流程编排工具。腾讯微瓴平台的数字孪生效应如图 7-26 所示。

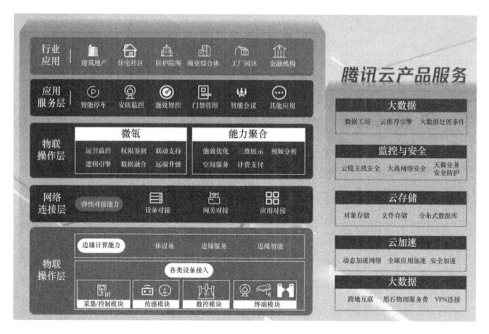

图 7-25　微瓴平台架构

  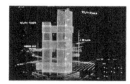 

基础设施数字化,数字孪生新示范

图 7-26　腾讯微瓴平台的数字孪生效应

2. 腾讯微瓴平台总结

腾讯作为一家极重视 C 端产品开发的公司,自然也会将其方向放在用户体验这一锚点上,也就是微瓴重视数字孪生虚实结合技术使用的原因,这也是微瓴平台特别重视三维空间数字化可视、实时云渲染、数字交互的原因。另外,微瓴在建筑智慧化的布局才刚刚起步,算是紧追阿里巴巴的节奏,在数字化设计上有所布局,行业运营深度也还有待加强。

7.2.4 美的楼宇科技数字化平台(iBUILDING)

美的作为一家覆盖消费电器、暖通空调、机器人与自动化系统、智能供应链、芯片产业、电梯产业等诸多业务的科技集团,早在 2012 年就启动了全集团的数字化转型重塑。尤其 2020 年、2021 年连续两年,美的集团先后将中央空调事业部更名为"暖通与楼宇事业部",继而将暖通与楼宇事业部升级为"美的楼宇科技事业部"。这一更一升,体现了美的集团对楼宇智慧化产业的高度重视和乐见其成。

美的楼宇科技事业部的前身是以提供暖通配套硬件设施设备为主,未来则是聚焦楼宇产品、服务及相关产业,以楼宇科技数字化平台为核心,打造楼宇内相关信息、体验、能源、交通等不同领域的综合化、智慧化、数字化、低碳化等服务的解决方案。从设备零售到服务零售,美的楼宇正在探索着新的商业模式。

1. 美的楼宇科技数字化平台架构

美的楼宇科技数字化平台架构如图 7-27 所示,它聚焦在 6 个主要能力的建设上,分别是基础支撑能力、物理世界数字化能力、统一数据共享能力、多租户及场景化能力、行业知识能力和数据业务能力。

1)基础支撑能力

通过打造一个技术中台以叠加业务、数据、算法、知识多个服务中台,形成一整套楼宇行业数字化平台,支撑事业部各业务链条,凝聚核心专业能力,赋能灵活多样的系统行业解决方案。

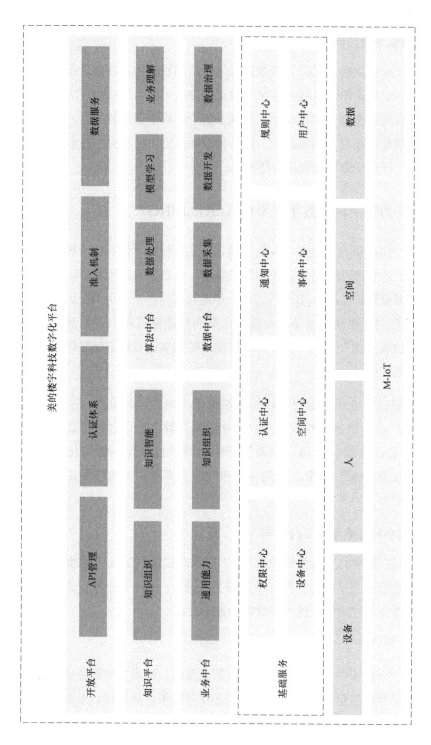

图 7-27 美的楼宇科技数字化平台架构

第 7 章 国内外建筑智慧化的平台探索

2）物理世界数字化能力

通过数字孪生能力，连接物理世界的设备实体与数字空间，实现高保真、实时互动的可视化模型，通过数据驱动、模型支撑、虚实交互、仿真预测和领域知识融合等技术，形成"数据感知-实时分析-智能决策-精准执行"的实时智能闭环，为用户提供实时、高效、智能的服务。

3）统一数据共享能力

通过规范标准的统一模型，让设施设备具备可分类、可描述的功能，具备能基于上下文进行语义解析、推理、行文感知的能力，做到数据在一个平台上完全共享、充分使用，让数据说话，用数据决策。

4）多租户及场景化能力

采用多租户软件架构，实现多租户环境下使用相同或类似的系统程序组件，同时每个租户角色又保留部分定制能力，并且各租户间的数据彼此隔离，达到分角色、分场景、有区别的目的。

5）行业知识能力

借助建筑行业独有的知识图谱、行为模型、标准作业 SOP 等专业知识，形成可开箱即用的行业组件功能，用专业赋能加速行业的深度挖掘，提升数据应用价值。

6）数据业务能力

通过灵活、可扩展的组件化业务模块，在产品设计、运行监控、能耗优化、智能管控、故障预测、设备监控管理等方面提供相应的功能与服务，将业务能力和公共能力分离，形成解决具体业务需求以及服务实际流程的能力，更好地达到从规划、设计、生产、销售、产维全过程一体化、数据化的协作目标。

2. 美的楼宇科技数字化平台的特色

美的楼宇科技数字化平台业务图如图 7-28 所示，五大中台提供底层的核心能力，沉淀并提炼数据，支持更多第三方应用使用及合作伙伴共建生态。

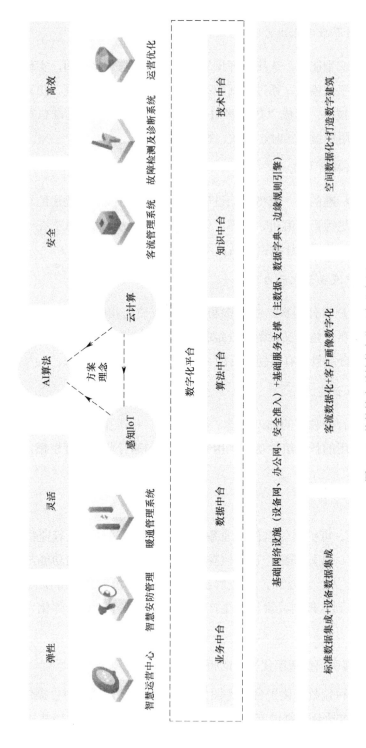

图 7-28 美的楼宇科技数字化平台业务图

- 业务中台：提供工单管理、工作流管理等通用能力，以及权限中心、用户中心、设备中心等基础能力，进而又提供故障诊断、运维管理等建筑行业能力；通过建立数据字典、数据模型和协议库，进行口径、编码规则的制定。
- 数据中台：采集数据源的原始数据并进行相关的开发、治理，提炼后的数据提供给各 SaaS 产品及人工智能算法作为有效数据进行消费。
- 算法中台：提供底层算法能力，用作数据分析和数据标注，并进行模型学习；还提供算法库和模型库，支持业务产品，如方案设计、模型编排等的开发。
- 知识中台：对数据字典、知识图谱进行挖掘、加工形成知识模型，并为智能搜索、智能推荐、SOP 等高阶产品提供基础能力。
- 技术中台：提供 IaaS、PaaS 云服务层的业务接入及网关实现，形成统一体验、统一标准、统一权限和统一工具等管理能力。

3．美的楼宇科技数字化平台的特有价值

美的楼宇科技数字化平台不只是一个数字化平台，它还汇集了一系列数字化行业解决方案，并且最终形成智慧建筑领域的一整套开放生态体系。美的楼宇科技数字化平台可以针对不同服务对象所面临的各种问题提供有针对性的方法，具体表现为如下。

（1）面向研发团队，通过低代码开发模块和既定业务的模块化，降低研发成本，提高研发效率。

（2）面向部署人员，通过标准化、工具化的设备统一接入流程，降低工程部署成本。

（3）面向运营人员，通过平台的数字孪生能力实现物理现实在数字世界的快速生成，加速数字化能力的转化利用效率。

（4）面向生态合作伙伴，开放平台能力给大家的信任、协同提供了坚实的数字化基础，构建强强联盟的开放生态网络。

（5）对于整个产业链而言，建立统一数据标准能力，是打破行业数据壁垒、挖掘数据有效利用价值的重要基础。

美的楼宇科技数字化平台价值层次如图 7-29 所示。美的楼宇科技数字化平台会带来多方面的服务价值，它给客户提供的是从本地边缘到移动云端的一系列全栈式服务。基于美的楼宇科技数字化平台，客户可以享受到从暖通设备、电梯到楼宇自控、边缘计算，再到云服务、SaaS 应用及垂直行业解决方案的综合服务能力。数字化给传统行业带来的巨大变化之一就是平台赋能的服务能力，因为现在我们正面对一个动态变化的市场环境，只有借助平台，通过边界融合、跨界协同，企业才能更好地理解市场，更准确地捕获客户的个性化需求，从而完成产品的设计与创新。

图 7-29　美的楼宇科技数字化平台价值层次

4．美的楼宇科技数字化平台总结

正如美的楼宇科技研究院 2021 年年初成立时提出的，未来着力打造的数字化平台将肩负着连接事业部建筑领域专业产品、行业知识和客户，用互联网技术转化与放大专业技能的重任。

美的楼宇科技数字化平台是一座"桥梁"平台，一头连接设备、人员、空间等有形的资源，另一头连接产品、解决方案、客户等利益相关方，从以产品为中心向以客户为中心转变，从原有的单系统碎片化数字向全链路精细化数字改造迈进。

美的楼宇科技数字化平台还是一个协同的平台。它有横纵两条主线，从横向看，数字化平台会通过数据中台提供对各条既有业务系统、外部三方集成系统的数据汇聚，通过业务中台提供产销服务一体的协作流程。从纵向看，数字化平台又通过算法中台赋予行业专家进行模型设计、业务编排，用模型数据驱动业务的能力；通过知识中台提供知识语义、场景智能做深做实业务洞察的技能。

美的楼宇科技数字化平台最大的一个特点是，有望成为一个行业经验聚集及优势放大的平台。美的自身作为一家自研暖通设备的企业，通过 20 多年的持续深耕，无论在建筑零部件，还是在大型机电设备系统上都积累了丰富的行业经验，与外资楼宇自动化控制企业不同的是，美的没有太多的历史包袱，不用担心打破既有的条条框框，属于轻装上阵，这是美的的优势和机会。和互联网企业相比，美的经验会让其在从以往的流程驱动向场景驱动转变过程中，更善于挖掘客户需求，设计整体解决方案，带给客户全新的感受，同时作为扎根国内的本土制造业巨头，当前国家倡导实现的双碳计划（碳达峰、碳中和）也给其带来较大的发展空间。

7.3　总结对比

建筑的数字化、智慧化是一个长期演进的过程，从早期传统 OT 公司内部发起的数字化升级，到现在越来越多 IT 公司加入这个行列，我们看到了这一趋势不可阻挡，同时也面临很多现实问题。

传统 OT 自动化控制行业，以江森自控、霍尼韦尔、西门子为代表的外资品牌，通过 OpenBlue、BPS、Desigo CC 等数字化集成平台，实现了建筑的综合信息化管理。这几大平台的优势是专业性强、技术成熟可靠。这一方面是建筑行业的特殊性造就的，自控、暖通、消防等的专业性都非常强，而且这些技能及经验数据都离不开日积月累的打磨和领域钻研，国外毕竟比国内早起跑了几十年，平台具备更强的专业性；另一方面也和建筑的设施设备相关，在 20 年以前，相关的大型机电设备基本都被这几家外资企业所垄断，套用当今互联网行业的说法就是已经占据了流量入口，具备了打造一个相对靠谱的数字化平台的基础，那么后面的事情就水到渠成了。这些企业胜在总体平衡，全局制胜，不过存在的问题也相对较突出。一是进取不足，本地化困难。外资的背景带来了技术优越感，但也造成大企业应对新需求新变化过于臃肿，流程僵化冗长，本土化措施一直难以到位，导致产品无法真正打动当地的客户。二是市场政策风险，在国家日益支持自主品牌的大环境下，加之对数据信息安全、数据隐私愈加重视，同时国内工业技术的不断提高，外资品牌在国内的布局将会越来越难。

相比于传统的建筑企业，新入局的 IT 互联网"大厂"，以阿里巴巴、腾讯、华为为代表，它们通过长久的数字化技术及运营经验，结合当前的转型趋势，也希望在建筑这一领域有所收获，随即纷纷推出了各自的建筑数字化平台。这些平台和物联网平台的最大区别就是它们已经具有了一定的行业业务数字化的服务能力，不再是一个简单的设备物联平台。无论数据集成还是数据使能，都带有一定的建筑相关特性，如建筑的模型构建、主数据管理、资产管理等，不过问题也比较集中。其优势就是 IT/互联网自带"互联网基因"，天生具备"互联网视野"，可无缝对接"互联网产品"。在这些人眼里，"互联网+"所带来的优化、升级与转型，促进前所未有的跨界和各种梦幻联动与融合，使原本割裂的被打通，使原本琐碎的被连接，使原本坚不可摧的被分解，使原本风马牛不相及的也可以产生交集，孕育无限可能。这些企业比传统企业更了解消费者，因为其具备深厚的电商运营经验的积累，所以对消费者可以做到深入的洞察。现在这些企业跳出原有的设备、资产等实物化信息，将数字化放到更高的维度来看待，于是对空间的管理、人的管理、流程数据的分析成为其关注的焦点，这些焦点正在悄无声息地改变着我们的世界。这些企业胜在局部领先，降维突破。缺点在于互联网是在信息化高度发展后水到渠成发生的，基于大家公认的同一 TCP/IP 标准首先形成了一个很好的共识基础，而建筑项目不仅涉及很多学科的聚合工程建造，集成施工一样也是分工非常繁细的。要完全弄清楚所有这些知识的背景，即使是业内人士也无法下定论，所以起初就难以形成大家共识的标的。但互联网人往往忽视了这一问题，将工程及现场想象得过于理想。此外，还有一个致命的问题，就是这些互联网企业并没有想清楚客户的真实痛点，类似逼真的数字化大屏等酷炫的展示形态并不是建筑数字化的核心需求。这也可能和互联网企业的建筑专业度与建筑行业挖掘度不够有关，所以它们选择了从运营数据、交互呈现上做文章。总之，其行业深度不够，项目展现略浮夸且不够落地。

未来是 IT 与 OT 合作共创的。

IT/OT 五级分层图如图 7-30 所示。下面三层（现场层、控制层、操作层）属于传统 OT 的范畴，数据的实时性从现场亚秒级到操作层分钟级、小时级，目标是管理现场资产有效顺畅运营，管理的最终汇报对象也是企业的首席运营官（COO）。上面两层（管理层、企业层）则是当前 IT 的范畴，反映在数据时效性上往往要求按日管理、按周/月调度企业资源，目标是在管理业务数据上做到支撑流程的高效及有序，汇报对象常常为首席信息官（CIO）。作为 IT 人员较熟悉的企业资源计划（ERP）、管理信息系统（MIS）、生产管理系统（MES）都属于这一层。

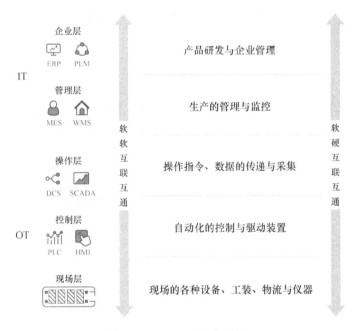

图 7-30　IT/OT 五级分层图

未来建筑智慧化的发展趋势会使得 IT 与 OT 的界线变得越来越模糊，IT 从业者与 OT 专家的合作与融合也将是前所未有的。不断增加的数据流和数字孪生、人工智能等新技术的应用，使制造商、软件开发商、生态合作伙伴有机会利用数据做出更明智和有效的业务创新应用，让数据驱动切实可行。这才会彻底改变制造企业使用集成 IT 与 OT 数据来构建模型的能力，而这些模型构成了提高企业整体效率、质量和敏捷性的基础。

| 第 8 章 |

智慧化建筑的实践案例剖析

智慧建筑历史上从来没有像今天这样贴近我们所有人的日常生活，小到灵活办公，大到园区绿色运营，IT 新技术叠加 OT 传统经验，让建筑的用户日益体会到新的变化。下面我们就以几个实际落地的案例来说明这些新变化，并探寻本书第 6 章的建设思路在其中的妙用。

8.1 阿里亲橙里商超

8.1.1 案例背景及基本情况

阿里亲橙里商超社区位于杭州阿里巴巴园区东侧，分为地下 2 层、地上 5 层，以零售和餐饮为主，服务和娱乐为辅，于 2018 年 4 月 28 日开业，经营面积为 2.5 万平方米，入住品牌商家有 80 家，针对的核心客户是伴随互联网成长的"85 后"和"90 后"。

亲橙里作为智慧商业及新零售场景的载体，目标是一方面为 C 端（客户群）提供有温度的服务，增加客群黏性，从而提升项目的 C 端服务性收益；另一方面也可以赋能 B 端（合作商户、商场），提升商户经营业绩，提升运营效率，从而提高项目整体收益。

第 8 章　智慧化建筑的实践案例剖析

亲橙里商超智慧化的主要落脚点：抓取并沉淀智慧商业的人、场、交易运营数据，打通线上线下数据，创造线上线下融合的全新购物体验，基于 IB 平台数据融合能力和人工智能技术，探索全新的商业运营模式。

亲橙里是阿里巴巴落地智慧商超的一个试验田，共计接入了超过 1 万台的设施设备，既有传统建筑控制设备（暖通空调、电梯、变配电等），也有物联网智能设备（智能电表、无线 Wi-Fi 探针、蓝牙 Beacon、AI 摄像头等），覆盖停车场、商铺、邮局、公共区、办公室等多种业态，属于复杂场景的智慧建筑。虽然设备数量多、种类繁杂，但是通过阿里 IBOS，实现了所有设施设备的实时在线，进而完成多维度数据采集和智慧管理，其系统框架如图 8-1 所示。

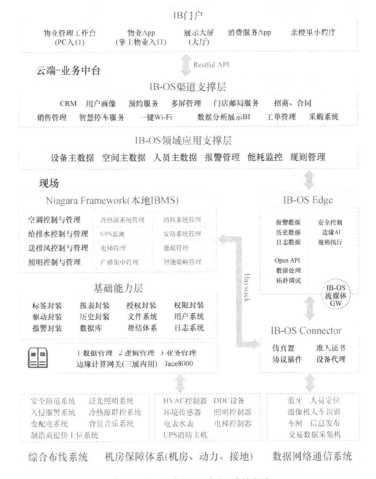

图 8-1　阿里亲橙里商超系统框架

落地的智慧化功能包括：智慧停车、多屏导购、智慧安防、招商租赁、智慧物业等应用。

8.1.2　系统架构

亲橙里汇集了阿里巴巴旗下几乎所有的新零售品牌，如盒马、天猫精灵体验馆、淘宝心选、谜秀（MISHOW）、次 V 殿等，还有评选出的网红品牌店。不仅通过物联网网关接入诸多设施设备，还通过打通友盟、手淘、口碑支付宝等生态数据和 CRM、MIS 数据，实现线上线下人员、商品、空间场所的统一融合，为业务驱动构建更多元、多能的平台环境，从而为孵化新零售场景打下良好的基础。阿里亲橙里商超可视大屏如图 8-2 所示。

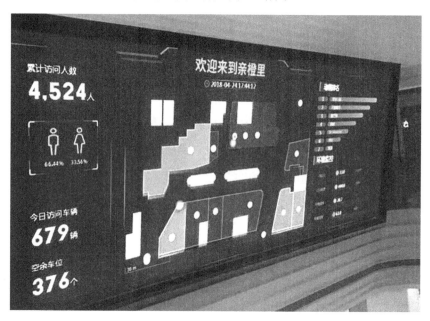

图 8-2　阿里亲橙里商超可视大屏

图 8-3 所示是阿里亲橙里商超底座——IBOS。

1. 智慧停车

通过停车场出入道闸、车位多合一摄像头、引导屏、超声检测器、蓝牙定位 iBeacon 等设备，实时采集场内车位占用情况及停车数据。会员可通过移动端在线上发起车位预约,根据定位系统规划停车导航路线,同时进出车场通过移动端绑定会员账号,打通消费积分的停车兑现,实现无感停车。这就解决了以往传统商场停车难、找车难、进出拥塞体验差的问题,改善客户体验,增强客户黏度,提升复购率和活跃度。

图 8-3 阿里亲橙里商超底座——IBOS

2. 多屏导购

通过底层采集的多维数据,结合人工智能,对客流、购物、商场会员数据进行融合,实现千人千面的客户画像,并结合室内位置(LBS)服务进行商铺促销、广告个性化精准推送等,提高客单价和提袋率,增加商业价值。

3. 智慧安防

通过可视化场景快捷操作,控制监控摄像头的视频画面切换、缩放、摄像头聚焦、转动、切换预置位等;支持通过安防系统进行有关区域的设防和撤防。当发生非法入侵时,集成系统工作站应立即显示报警发生点信息,弹出报警区域地图界面,指示报警位置,启动警号。

实时显示并记录系统状态和报警信息,实时监测出入口状态并记录电锁或门磁的开关状态、出入口的开关控制、异常的进出记录。当有人非法开启安装门禁的房门时,打开邻近区域的照明并报警。

4．招商租赁

根据客户画像数据、营销数据，结合客户的动线分析，建立招商数字化模型，灵活调整招商品类方向和商铺门店位置，并根据商铺类型、客户偏好等数据精准调整商场内部动线规划，对动线上商铺类型进行合理匹配，增加客流转化率，通过组合共赢实现对商铺商业价值的提升。

8.1.3 案例特点

亲橙里商超有别于传统商业地产购物中心，不再是单纯地将"场地"作为交易对象，依托获取租金作为盈利回报，而是通过科技驱动数字化、智慧化，用智慧助力精细化管理，用商业大数据支撑线上线下全渠道融合，助力商业零售新模式的创新。

1．大数据支撑（商场方）

通过全量的数据分析，辅助完成品牌选址、商场客群定位、客群喜好分析和商场布局的动线规划等。

2．人工智能（商户方）

提供全息刷脸新体验，方便客户无感到店和支付的同时，建立完整的客户画像。

通过商铺的个性化推资讯更有效地触达客户，实现千人千面的个性化互动内容，创造新的客群关系价值。

结合 3D 试衣镜、点餐桌、智慧货架等人工智能场景，让客户体验最新、最酷炫的黑科技，提升客户购买兴趣。

通过刷脸启动多元的商场会员权益，让客户无感支付，为其提供最贴心的服务。

3．O2O 模式（商户方）

实现商铺零售的线上线下全渠道融合，包括数字化运营、新零售融合、客户体感等几方面。

1）数字化运营

全方化考量与商场空间相关的客户数据，将线上线下的交互及消费行为转化为会员积分值，并建立对应的会员等级。通过差异化的会员服务，增加会员黏性，构建完整的会员生态。

对于客户吸引力不够的店铺，结合客户在商场的轨迹动线数据，以抓猫猫红包游戏进行客户导流，提升空间坪效（商场单位面积的经营额）。

2）新零售融合

横向打通淘宝、口碑等会员系统，做好线上线下的一体化运营，让会员体系全面覆盖更多场景。

3）客户体感

通过接入 AR 导航、娃娃游戏机等场景服务，打造更有趣、更智能、更友好的商场体验。

4. 智慧物业（商场方）

智慧物业包括智慧管理、智慧巡更、能耗分析等功能。

1）智慧管理

根据权限、排班、工单数量、最近距离、关键词等因素实现自动最优化派单。

对物业人员实时定位并记录历史位置，形成历史轨迹，为效能分析、工作管控提供参考依据。

集中分析团队/个人、不同工单种类的工单响应、完成、转单、挂起、准时率、评价等情况，为人员效能评判和人员分配做参考依据。

建立"设备&操作类型&操作知识"核心知识库，为工单执行提供操作指导，并降低人员培训成本。

2）智慧巡更

根据人员定位自动识别巡更位置，扫码作为备选操作。

查看现场实时视频进行巡更,提升巡更效率。

3)能耗分析

多维度分析并直观展示商户能耗用量,为以后的能耗深度分析和节能做基础参考。

地图直观展示设备位置、监测实时运行状态,产生报警即自动派发工单。

8.1.4 案例成效及意义

如图 8-4 所示,亲橙里是阿里践行的第一个数字化智慧商超,实现了商场、商家、消费者三方的数字化业务融合。

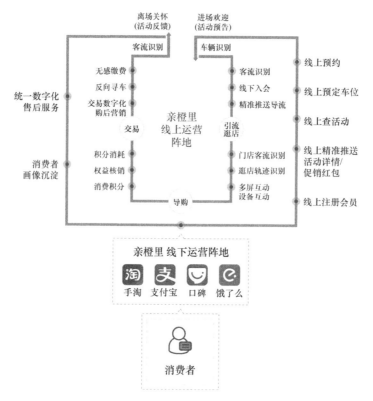

图 8-4 阿里亲橙里商超运营版图

商超通过建立多样化、细颗粒的运营指标来形成对商业运营多视角、全方位的考核评估。例如，一定时间段内商品交易总额（GMV）、商家店铺服务人次（年月日客流量）、会员（人数、销售占比、复购率）、交易笔数（年月日）等指标。

商家则依托 IBOS 建筑引擎平台，实现商家活动全流程（预算、目标、报名、审核、玩法）的线上化，同时结合平台的数据融合能力和人工智能技术，通过充分挖掘、分析和使用数据，全面提升商家的经营效益和客户体验。

消费者通过会员授权，线上线下数据的全面融合，外加 AR 导航、VR 试穿、LBS 定位等前沿技术，让个体的逛商场变得更加有趣。

亲橙里试图打造的是一个基于智慧建筑引擎平台 IBOS 的商超试验场。IBOS 作为连接建筑对象（人/组织、设备、空间）、协同和处埋建筑数据、提供数据服务、具备开放功能的建筑物联网公共产品，既解决过去建筑项目上的孤岛效应，建立基于互联的智慧建筑生态体系，又为建筑产业构建数字化、智慧化的产业提升通道。亲橙里项目落地后，数字化、智慧化的效果也是显著的，开业一年来，营业额基本达到同类规模商场的两倍。而且借助 IBOS 引擎的泛联结、可生长架构，可随时应对更大体量的商业服务需求。

8.2 顺德和美术馆

8.2.1 案例背景及基本情况

和美术馆位于顺德北滘美的总部东南侧，由建筑师安藤忠雄担任设计，总面积约为 16 000 平方米，其中展厅面积约为 8000 平方米，如图 8-5 所示。通过运用清水混凝土作为建筑材料，将光、水、风等自然元素融入这座具有岭南建筑文化意境的美术馆中。

和美术馆荣获 Architizer A+Awards 建筑奖 2021 年度公众选择奖（Popular Choice Winner），入选 Designboom2020 全球年度十佳博物馆及文化中心榜单。

2014 年 10 月，和美术馆举行奠基仪式；2015 年 9 月，和美术馆与建筑师安藤忠雄签约并于同年 12 月建筑动工；历经五年的筹备工作，和美术馆于 2020

年 10 月试运营向公众开放。公共区域建设有楼宇自动化控制系统、门禁、视频监控系统、防盗报警系统、无线对讲系统、公共广播系统、UPS 配电系统、综合布线系统、信息发布系统、无线巡更系统、电梯五方通话系统等。

图 8-5　和美术馆

作为充分体现建筑光影运用美学的和美术馆，集中收藏和展现了美的创始人家族收集的国际当代艺术、中国当代艺术及中国近现代艺术等诸多藏品。展馆业务的独特性对智慧化也有着不同于其他类型建筑的个性化要求，如 7 天×24 小时恒温恒湿空调、高等级安保策略等。

初期的美术馆缺少相应的智慧化管理手段。馆长邵舒说：

"空调系统不稳定，多次出现故障，并且出了问题没有任何历史数据可以查询。

视频监控只有在中控室可以查看，对于运营来说非常不方便。

缺少数字化运营手段，只能凭经验和感觉来决策，有点盲人摸象。"

通过需求调研，对标分析和方案设计，和美术馆运营方最终确定基于美的楼宇科技数字化平台搭建一套智慧建筑管理系统（IBMS）平台和智能运营指挥中心（IOC），以减少空调管理及安全保障的压力，破解人力资源紧张、运营抓手不够的难题。

8.2.2　系统架构

和美术馆系统架构如图 8-6 所示，设备层是现场设施设备及末端可编程的控制模块，系统层是边缘计算模块和智慧化子系统，平台层需要部署 IBMS 前后端管理系统，用以提供人员角色权限管理、设备监控、报警管理、工单管理、设备运维、能源管理、数据统计以及指标看板等功能。

- 弹性可拓展
- 灵活访问和管理
- 安全（刷脸、权限分离）
- 高效快捷的使用体验

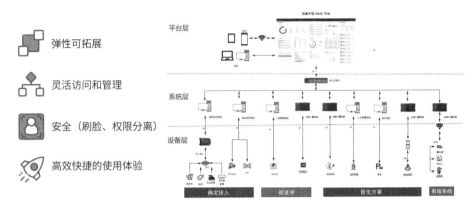

图 8-6　和美术馆系统架构

和美术馆 IBMS 平台如图 8-7 所示。

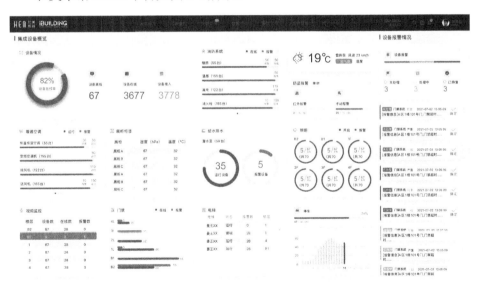

图 8-7　和美术馆 IBMS 平台

1. 设备监控

楼宇自动化控制系统提供接口汇集各种设备的运行和检测参数，并对各类数据进行累积与总计。如冷冻机、热交换机、新风机组、空调机组、各种泵的运行时间、启停次数等参数进行累积与总计，以便更好地进行物业管理。该系统提供多种灵活的展现方式，包括系统流程图、设备分布图、设备列表等。和美术馆 IBMS 设备监控如图 8-8 所示。

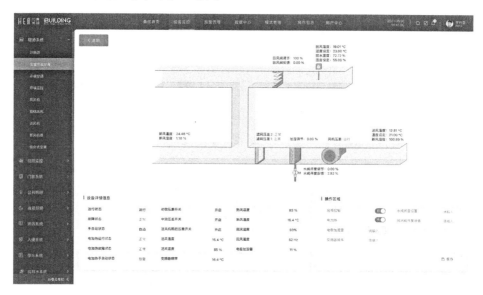

图 8-8　和美术馆 IBMS 设备监控

2. 报警管理

实时显示并记录系统状态和报警信息，可以按照报警提示信息及时进行相关的报警处理。如当发生非法入侵时集成系统工作站应立即显示报警发生点信息，弹出报警区域地图界面，指示报警位置，启动警号。和美术馆 IBMS 报警管理系统如图 8-9 所示。

3. 数据中心

按照查询参数及查询条件，生成相应的数据历史趋势曲线。和美术馆 IBMS 数据中心如图 8-10 所示。

4. 模式管理

对任意子系统/设备进行分组，可按冬夏、日历和工作日等不同日程颗粒

第 8 章 智慧化建筑的实践案例剖析

度进行精细化管理。和美术馆 IBMS 模式管理如图 8-11 所示。

图 8-9 和美术馆 IBMS 报警管理系统

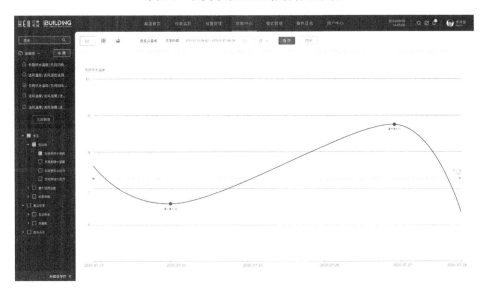

图 8-10 和美术馆 IBMS 数据中心

185

图 8-11 和美术馆 IBMS 模式管理

云端同样部署 IOC，用以实现可视化呈现、一屏纵览、实时洞察、高效跟踪等管理效果。

IOC 基于建筑模型实现在虚拟场景中将真实场景复刻重现，建立数字孪生场馆，为用户提供真实、全面、可交互的数据决策依据。通过可视化处理和数据挖掘，实现场馆各场景的模拟推演，提前形成预案。

5. 馆内环境监测

如图 8-12 所示，借助接入的环境传感器对馆内的环境状况进行实时跟踪统计，结合可视化展示模块，直观显示馆内各方位、各区域的环境指数。通过环境监测，实时了解用户所处环境的健康情况，并对环境质量不佳的情况快速做出判断，发出有效报警。

6. 安保安防监控

如图 8-13 所示，安保安防监控管理是馆内安防监控工作的重要窗口，IOC 通过集成摄像头数据进行实时视频监控。通过安保安防监控的统一展示，利于运营管理方及时捕获异常情况，同时进一步将单点升级为多元融合，做到实时化、自动化监控。

第 8 章　智慧化建筑的实践案例剖析

图 8-12　和美术馆 IOC 环境监测

图 8-13　和美术馆 IOC 安保安防监控

7. 楼宇自动化控制

如图 8-14 所示，楼宇自动化控制运营模块为场馆日常运营的核心掌控区域，是集合设备监控、报警管理、能源消耗为一体的综合展示模块，能够对馆内的暖通空调设备做到清晰化和高效化的指挥。它以便捷交互性为基础，能够做到全局总览，掌控各个设备的关键信息。

图 8-14　和美术馆 IOC 楼宇自动化控制

通过建筑信息模型直观展示各设备全生命周期的资产信息，包括设备的设计参数、建造参数、设备属性、设备维修记录及设备保养计划等，实现楼宇自动化控制设备的可视化管理。

8.2.3　案例特点

和美术馆不同于常规建筑，对智慧化管理有很多不一样的需求。

1. 精细空调管理

珍贵藏品对环境有苛刻的要求，所以需要选用恒温恒湿空调 7 天×24 小时运行，同时馆内不断引入的展览活动也增加了环境控制的复杂性，更需要 IBMS 平台支持此类灵活控制。

2. 高精度安全保障

基于高精度还原的 3D+场景集成视频监控数据，通过摄像设备实现对馆内全面覆盖的实时监视与控制。通过建筑物模型图、楼层平面图和景区电子地图可选择待操作的监控点设备,对电视监控系统进行快捷操作。同时,集成系统可以接收其他子系统的报警实现联动,并且对于可疑事件能进行历史动线轨迹的追溯复盘。

3. 数字化运营

通过平台数字化,减少多套系统管理、维护的复杂度,降低运营人力成本,拓展美术馆服务边界,提升访客体验,增加盈利,通过平台提供的数据来做运营决策,以避免凭经验和感觉误判。

4. 文化传递

通过馆内屏幕的数字化、可视化以及更多的用户-展馆交互,为公众呈现独具魅力的展览和多元开放的文化活动,凭借自身的独特性,建立文化传播的枢纽,挖掘跨文化的多元价值。

8.2.4 案例成效及意义

如图 8-15 所示,和美术馆基于数字孪生技术,结合业务数据构建场馆常态化显示系统,打破智慧艺术馆展示难的重点问题,在数字孪生场馆中一比一映射并同步动态运行,实现视觉模拟、数据运行状态的相互统一。将场馆理念、业务框架及未来规划全面地呈现出来,实现了目前业界最佳的 IOC 可视化体验,助力展馆运营的 360°全天候实时动态感知与智能辅助决策。

特别是艺术馆尤为重视的安防方面,和美术馆升级传统物业中控应用模式,以虚拟空间三维方式集合实时影像提升管理效率,增强管理能动性,降低学习成本,以空间可视化方式赋能场馆安防基础建设。在重点区域布控、人员热力成像、巡更-周界管理、黑名单报警等方面实时而全面地做到感知、预警、运控和协同。

和美术馆通过高精度的三维场馆区域场景还原,集成相关现场设备采集数据,打破系统间的数据孤岛,为场馆运营方打造一个直观、生动、全面的管理平台和服务平台,为美术馆的展览发布、文化宣传、精细化治理提供支持和帮助,辅助提升场馆营运水平。

图 8-15　和美术馆 IOC 管理大屏

8.3　上海市同济医院

8.3.1　案例背景及基本情况

上海市同济医院（以下简称同济医院）始建于 1991 年，是上海第一批、也是普陀区唯一一所集医疗、教学、科研及预防等多功能为一体的大型三级甲等综合性公立医院。"同济医院"这一历史品牌承载着同济大学重振医科的责任与使命，医院占地 62 亩，建筑面积近 10 万平方米，可同时容纳的病床位超过 1500 张。为打造人性化、智慧化、高效化的一流大学附属医院，同济医院于 2020 年启动"十四五智慧化改造"，进一步加强应急能力，在后勤全面数字化、智慧后勤算力、以人为本等方面继续推进智慧后勤建设，全面提升医院建设和运维表现。

参照2019年国家卫生健康委员会提出的"智慧医院=智慧医疗+智慧服务+智慧管理"的建设理念，同济医院的智慧化主要包括三类角色+三个领域：面向医护人员的"智慧医疗"、面向病人的"智慧服务"、面向医院管理的"智慧管理"。同济医院智慧病房建设如图8-16所示。

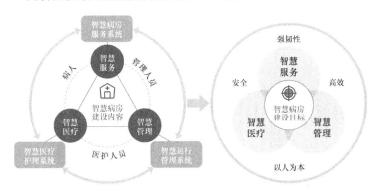

图8-16 同济医院智慧病房建设

8.3.2 系统架构

同济医院按照"统一数字基建，两大基础集成应用、一个数据中台和多类组合式智慧场景"的智慧后勤总体架构蓝图，以提供更好的病人满意度，减少护士行走距离，实现更精准的衡量和管理为目标，设计了如图8-17所示的智慧化改造系统。

一期改造项目的智慧化系统包括病房环境控制、医护对讲系统及集成化床旁应用、智能综合布线系统、特殊病区行为管理、远程会诊系统、病区综合管理系统以及能源管理系统。其中病区综合管理系统集成了其他所有了系统，统称为病房系统，该系统物理逻辑架构如图8-18所示。

对于病人，普遍反馈的痛点有：交流困难、流程烦琐、支付复杂、缺乏精准医疗等，医院方希望能减少病人在就诊前等待的焦虑，同时放心接受医生关怀，安心住院并将自己交给医院。如图8-19所示是病人从入院到离开的行为曲线。

数智融合：楼宇智慧化转型之路

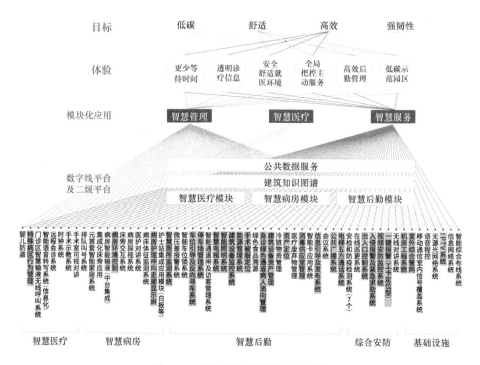

图 8-17 同济医院智慧化改造系统

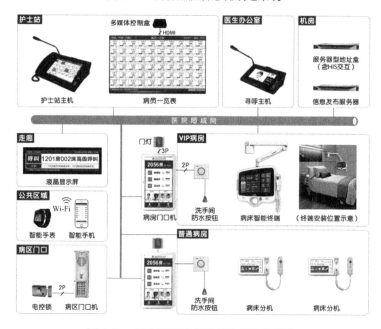

图 8-18 同济医院病房系统物理逻辑架构

第 8 章 智慧化建筑的实践案例剖析

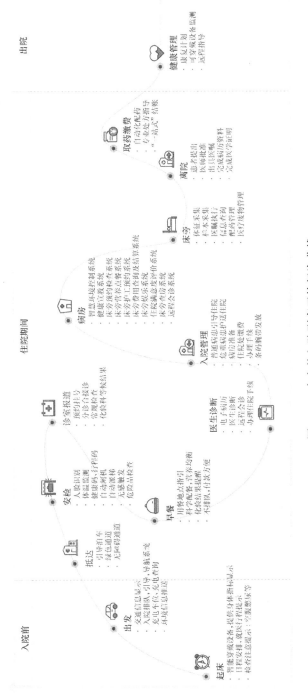

图 8-19 病人从入院到离开的行为曲线

193

据此考虑的智慧化措施是在病房中安装非接触式离床及体征监测设备,但并不是所有的病人离床都需要报警,系统会结合病人信息和室内定位进行判定分析,合理安排护理资源。当有病人离床时,系统首先查询医院信息系统(HIS),了解病人信息,确认其是否存在摔倒风险。在确认病人存在摔倒风险,且定位显示病房内无护理人员时,系统会报警至护士站。若一定时间内,护士站没有响应,则系统还会根据定位系统,自动寻找距离病房最近的护理人员,将报警信息发送至相关人员的移动终端。当护理人员进入病房后,定位系统也会自动记录响应人员以及响应时间,以保证事件可追溯。

另外,在病床旁安装智能终端,提供包括护理请求、用药提醒、医患互动、娱乐服务、病房环境控制及费用结算等功能,使得病人在行动不便的情况下,仍然可以随手获取所需服务。这种对于服务和环境的控制,有助于增强病人信心、加速康复。智慧病房服务场景如图 8-20 所示。

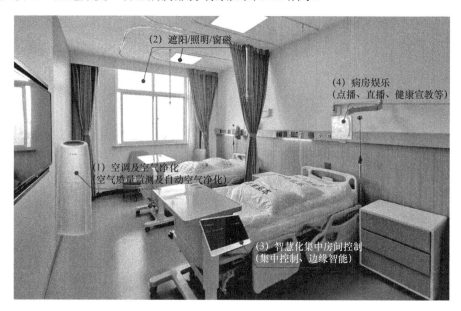

图 8-20　智慧病房服务场景

- 病床旁安装的智慧屏可以让病人在行动不便的情况下,仍然能够随手获取所需服务,如控制病房内的环境、预约医护检查、点餐、直播娱乐等。

第 8 章 智慧化建筑的实践案例剖析

- 病人随身携带的腕带手环可以让医护人员通过工卡随时掌握其位置动态，做好应急响应。

对于医护人员，比较常见的问题如下。

- 需时刻了解病人情况，包括症状、病史、体征、诊断、医嘱、检查结果等内容。

- 随时会有新的进程（任务）加入，而进程之间的优先级、排序等一直随着工作的进行动态更新。

- 病人个性化需求无法满足。

- 重复工作多（誊抄医嘱、查房等），疲劳容易出错。

针对这些情况，制定医护人员行为曲线，如图 8-21 所示。

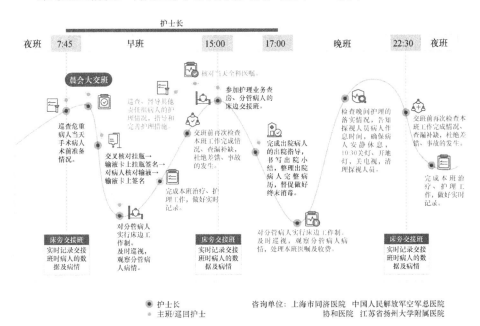

图 8-21 医护人员行为曲线

相对应的智慧化措施是在病房床旁安装集成智能终端，医护人员可以通过该终端进行相关护理查询和记录，提高护理工作效率。同时，结合此次疫情产生的新需求，病区还增加了物流机器人和消毒服务，不但进一步提高辅助护理效率，还减少了非必要人员接触，降低病毒传染可能性。智慧医疗护理场景如图 8-22 所示。

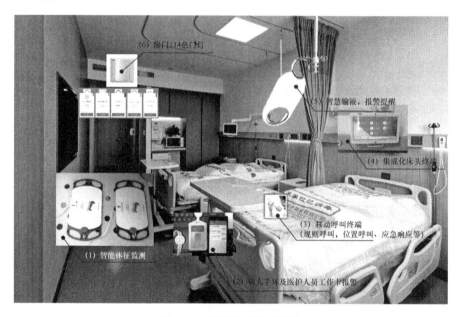

图 8-22　智慧医疗护理场景

- 智慧输液监测仪、生命体征监测仪、集成化床头终端等手持终端医疗设备会把病人的情况及时反馈给医护人员，获取相关的护理。

- 病房门口的分机屏和门灯面板这类智慧护理辅助使得医护人员轻松获取房间信息，调整控制所需环境。

- 病人随身携带的腕带手环可以让医护人员通过工作卡随时掌握病人的位置动态，做好应急响应。

- 迎宾、派送和消毒等机器人的运用可减少非必要人员接触，降低病毒传染可能性，让病房更安全。

对于医院管理，常见的问题有：病房智能升级过程中，会加载智慧输液、护士呼叫、病房环境控制等功能系统。通常每增加一个系统就需要增加一台主机，操作烦琐、效率低下，导致这些智能系统使用频率不高。

第8章 智慧化建筑的实践案例剖析

针对这一问题，院方将所有相关系统进行了集成，并且同步升级护士白板。在显示各病床的入住病人信息的基础上，定制了集成化白板功能，这样护理班组可以在同一界面上了解病人信息、病房环境、输液及呼叫状态等信息，护士的工作量和护理效率也可以在白板上一目了然。结合室内定位系统，白板还可提供病人摔倒、走失的报警，以及护理人员在紧急情况下求助、报警功能。图8-23所示为院区智慧综合管理场景，图8-24所示为院区智能公共区域场景。

医院综合管理做了以下工作。

- 通过将所有相关系统集成到一个综合管理屏中，进行集中全面的消防、安防、能耗、医废、被服、资产管理和应急指挥、物流配套调度等。

- 通过综合护理看板（白板），及时了解病人信息、病房环境等护理辅助信息。

- 结合医疗设备运行监控看板，随时随地了解医疗设备的运行情况，如输液报警提醒、生命体征提示等。

- 卫生间紧急拉绳和护理对讲机保障了病人及时联系院方。

图8-23　院区智慧综合管理场景

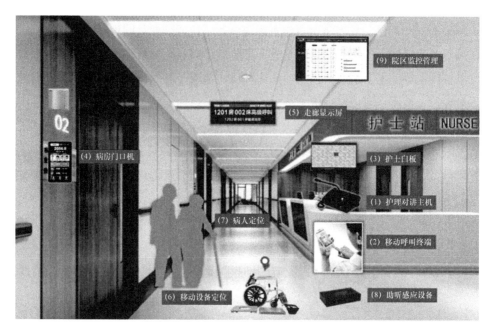

图 8-24　院区智能公共区域场景

8.3.3　案例特点

同济医院智慧病房改造，作为全院及上海市试点和示范工程，首先在医院的 VIP 病房进行试点。智能场景的搭建必须具备可复制性，因而此次智慧病房的功能架构，严格按照模块化进行设计。在此基础上，该场景可以针对不同医院的 HIS 系统、护理呼叫系统等进行定制化对接，同时场景中的功能也可以进行模块化增减。目前，同济医院正在参照该智慧病房对全院普通病房进行规划，参考适宜性，有选择地在全院推广。伴随需求变化和技术发展，场景聚合功能也可以不断增加，实现场景可升级、可扩展。图 8-25 所示是医院智慧化功能模块清单。

同济医院以使用者需求和医护流程为导向，通过系统集成将设备产生的数据（病房十大智慧化系统）、诊疗产生的数据（HIS、护理等）和人员产生的数据（位置、体征等）整合在一个平台上，并通过数据交互和计算产生增值应用。增值应用中对应医护需求的智慧医疗的应用有 5 个，对应管理者需求的智慧管理应用有 8 个，对应病人需求的智慧服务应用有 5 个，已规划的扩展应用有 8 个。

智慧医疗 模块化功能清单	智慧服务 模块化功能清单	智慧管理 模块化功能清单
病区综合管理	护理辅助	安全管理
A1 护士白板	D1 护理呼叫	G1 出入管理(授权/体温等)
A2 交接班看板	D2 电子床头卡	G2 视频监控及联动
A3 智能输液看板	D3 紧急报警	G3 消安一体化
A4 3D机器人管理	D4 可视对讲	G4 移动求助及虚拟周界
A5 病区综合环境	D5 智慧输液	G5 紧急报警/应急指挥
护士站工作台	环境控制	环境管理
B1 护理呼叫	E1 智能控温	H1 楼宇自控/空气环境
B2 紧急及异常报警	E2 空气品质	H2 智能照明及色温控制
B3 护理文书	E3 智能照明及色温	H3 院感管理(压力/消毒/洗手等)
B4 病人体征监测	E4 电动窗帘	H4 电动窗帘
B5 智能床垫监控床旁服务	床旁服务	效率管理
移动护理	F1 宣教及信息查询	I1 资产定位及优化
C1 统一通信终端	F2 服务预约及申请	I2 护理动线及可追溯
C2 巡房推车	F3 病房娱乐	I3 护理绩效管理
C3 床头护理终端	F4 用药提醒	I4 机器人及自动物流
……	F5 结算及出入院	
	……	

图 8-25 医院智慧化功能模块清单

在智慧场景中，场景的智慧程度并非技术和应用的简单叠加，而是通过预先的需求分析和架构设计，将不同应用聚合、打通，并针对不同角色实现额外智慧价值。

场景中的两个突出特点：集成和增值。

1. 集成：为用户提供"数字孪生"世界的统一入口

护士端。传统护士白板只显示各病床的病人信息，现在则将相关系统都进行了集成，为护理班组定制了集成化护士白板，可以在一个界面上看到所有病人信息、病房环境、输液及呼叫状态等。

病人端。病区通过床旁终端集成实现多样化的个性服务，使得病人依旧具备对服务和环境的掌控感，有助于增强病人的自信心，提高康复速度。同时，医护人员也可以通过床旁终端进行一些相关护理查询及记录，提高了护理工作效率。

2. 增值：应用汇聚融合产生新的价值

室内定位应用本身只提供资产或人员的位置、轨迹服务，但在此场景中，定位成为触发其他应用的条件或者成为其他应用智慧判断的依据。

例如，定位应用与医护移动终端相结合，在医护纠纷、病人摔倒或出走等紧急情况发生时，系统不仅可以联动视频监控拍照并将报警信息发送至护士台或安保监控中心，还可以根据定位找到事发地附近的工作人员，按照规则将报警及建议流程发至附近人员移动终端，加速事件处理速度；又如，定位应用与护理呼叫、离床报警等相结合，系统不仅可以自动寻找附近医护人员进行处理，同时可以记录护士的响应时间、步行距离等，实现护理可追溯和工作量、护理效率的统计分析。

室内定位系统结合安防系统、多功能工号牌以及非接触式离床及体征监测设备等，除可完成传统的人员、物资定位及一键报警等功能外，还可在特定病人摔倒或者出走时立即报警，并在通过定位确认无人照看的情况下，通知最近的几个管理人员进行处置。集成各种功能的工号牌还能统计护士的工作量及护理效率。

接下来介绍医院智慧化改造中的模块化功能设计的应用。

医院智慧化改造所选择的模块化建设模式，可确保伴随需求变化和技术发展，场景聚合功能也可以不断增加，实现场景可升级、可扩展。例如，2020年新冠肺炎疫情暴发，作为疫情防控的最前线，医院承担了极大的防控压力。为快速应对防疫需求，同济医院迅速从发热病人就诊、隔离流程的角度出发，对目前医院基础设施存在的主要问题进行分析，寻找改造方案。智慧发热门诊及隔离病房改造方案拆解分析如图8-26所示。

- 医院通过在出入口及主要建筑门口设置的红外热成像实时测温、人员信息验证系统以及留观病人的电子定位追踪手环系统，加强了出入口和边界的管理。

- 在隔离病房区域综合应用智慧化运送机器人、消毒机器人、智慧输液、可视对讲等以尽可能减少人员之间的非必要接触，降低病毒传染可能性。通过计算机模拟发现这些智慧化技术的使用，不仅可以节省防疫物资，还可以降低二次感染的爆发。

第8章 智慧化建筑的实践案例剖析

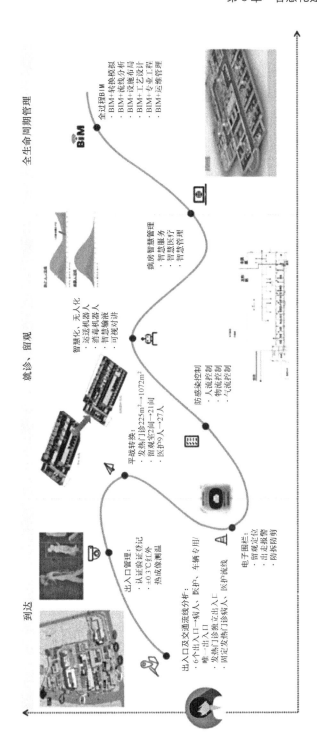

图8-26 智慧发热门诊及隔离病房改造方案拆解分析

- 发热门诊及隔离病房区域改造全过程使用 BIM 技术进行模拟建设运行，以及实现转换模拟、流线分析、设施布局、工艺设计、专业工程、运维管理等步骤的赋能，并结合装配式技术，实现了平战转换的模拟和施工。例如，对医院原有发热诊区、肝炎诊区、肠道诊区进行改造，实现平战转换。这三类诊区平时总建筑面积为910m^2（其中发热诊区 225m^2、肝炎诊区 312m^2、肠道诊区 373m^2）。在战时，通过快速切换和布置，它们将全部转换为发热门诊及发热隔离留观病房，同时新增 9 个 3m×6m 集装箱，总面积为 1072m^2。留观室由 2 间增至 21 间、人员配备由 9 人增至 27 人，所有设备、环境均满足相关标准规范要求。

- 在留观过程中，医院将通过电子手环对留观人员进行定位追踪，一旦它们离开隔离区域，所在区域和护士站会同时报警。电子手环具有防拆防剪功能，一旦非法拆除，将立刻报警。

- 发热门诊及隔离病房区域分为洁净区、缓冲区和污染区，严格控制三个区域之间的人流、物流和气流，并通过智慧化手段进行监控，降低病毒传染可能性。

这些新增需求在整体模块化功能设计的基础上，用很短的时间就完成了开发实施部署上线使用，既避免影响现有医疗业务，又保证不同阶段的投入具有延续性和兼容性，减少重复投资或浪费。

8.3.4 案例成效及意义

同济医院智慧化改造项目采用了国内外先进的信息化、智慧化技术（如物联网、云服务、智能预警分析等），对医院病房进行智慧化改造。项目充分将先进智慧技术与医院病区、病房管理的实际应用需求相结合，力求打造上海市乃至全国医院智慧病房项目的标杆。整个改造围绕更安全、更高效、更韧性、更人性化四个核心价值主张展开。医院智慧化建设的价值愿景如图 8-27 所示。

第8章 智慧化建筑的实践案例剖析

更安全
应急能力加强，全面提升医院安全性

通过信息化手段，将现有安防、消防、关键环境以及重要设备等进行升级，并集成到一个安全综合管理平台，通过AI技术实现态势分析和风险预警（而非单纯的监控和报警）；发生紧急事件时，启动标准处理流程(SOP)，自动或半自动进行应急处理；借助BIM/GIS等系统进行辅助决策和应急指挥。这相当于全面升级医院应对紧急事件的防御体系，提升医院安全性。

更高效
后勤全面数字化，提高管理效率

固定建筑设备管理数字化方面，升级现有建筑管理自动化、能效管理系统、物业管理系统，以及其他自动化手段（如机器人、物流等），并实现互联互通、闭环管理。

移动设备、耗材、人员管理数字化方面，通过RFID、室内定位、智能识别/分析等，实现动线、状态、事件可追溯，借此实现库存、负荷、绩效等精细化循证管理，为资源优化配比、决策提供依据。

更韧性
以智慧后勤算力，增强医院可持续性和韧性

通过建立智慧后勤数据中台集成医院建筑/设备/工艺/服务等数据，并通过中台算力，为医院可持续发展提供全面可能。

对医院改建、扩建工程，设计阶段通过计算、模拟、加工程验证的方法不断探索创新模式，增强医院使用韧性。

正常运营阶段，充分利用设计阶段的弹性，实现空间、设备等使用的灵活性及适应性。

在紧急及灾难情况下，受到打击或损坏后，可以快速模拟恢复预案或改进措施，以减少突发状况带来的损失。

更人性化
以人为本，全面提升病人及员工满意度

医院的复杂性在于功能区域及不同角色需求差别大。因此，所谓以人为本必须基于场景和应用。在智慧后勤中台不仅需要数据集成和计算的中台，还需要支持场景化的规划、设计、建设、集成及应用开发，通过智慧病房、智慧门诊、智慧手术室、智慧医技区的逐个场景建设将各种信息化技术、智能化技术和自动化技术等连接起来，最终实现智慧医院，全面提升病人及员工满意度。

图 8-27 医院智慧化建设的价值愿景

根据这些价值要求，形成以提高护士护理效率、病人满意度和病房安全及整体管理效率的核心建设理念，如图 8-28 所示，力争打造上海市乃至全国医院智慧病房标杆，起到示范作用。

智慧病房和智慧发热门诊只是同济医院已经完成和正在实施的两个场景案例。"十四五"期间，同济医院将按照中心城区既有医院的改扩建特点，在

"两大基础集成应用、一个数据中台"的基础上，一边运行一边建设，跟随基建规划改造建设节奏，逐步推进医院后勤智慧化建设，继续完成整个院区的智慧病房、智慧物流系统、智慧无人诊疗中心等项目，并将推进智慧门诊、智慧急诊，智慧科教等各类智慧场景的建设。通过逐步改造、升级乃至新建，同济医院将以打造一流大学附属智慧医院作为目标，为大型城市中心城区既有三甲综合医院智慧升级改造树立新的典范。

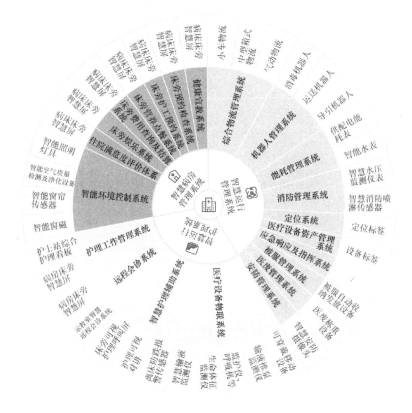

图 8-28 智慧医院核心建设理念

同济医院还将依托同济大学自主智能无人系统科学中心，研究推进自主无人系统智能医院。例如，将机器人与诊疗行为、管理行为相结合，研究包括物资管理、服务、院感控制、诊疗机器人和集群管理等课题。这也使得同济医院成为新技术、新场景的实验和孵化场所，真正实现应用以场景为载体、技术以人为本的标杆示范医院。

8.4 深圳大学本原智慧建筑

8.4.1 案例背景及基本情况

图 8-29 所示是深圳大学本原设计研究中心，位于深圳大学粤海校区，濒临白石路，深大东路西北侧，是一座独立的二层建筑。该建筑为中国工程院院士孟建民团队在深圳大学的科研基地，涵盖医养健康、智慧城市与建筑、空间环境无障碍、可持续建筑等科研方向。

图 8-29 深圳大学本原设计研究中心

深圳大学本原设计研究中心为深圳大学智慧建筑示范工程，建设了云、边、端全场景的设施建设、传感数据提取、基于 BIM 的综合运维管理平台及各场景下的场景应用。

建设涵盖了视频监控、门禁管理、在线巡更、紧急报警、停车管理、机房环控、信息发布、背景音乐、智能遮阳、智能照明、空调新风、电梯监测、消防监测、雨水收集与灌溉、直饮水、能耗监测、智能停车、会议系统、课堂直录播系统、厕位监测、环境监测等数十项场景应用。

搭配各类边缘计算与控制，形成了包括访客预约与管理、会议预约与管理、停车管理、洗手间环境管理等场景应用，讲堂、实验室、办公室等空间的设备集控联动。

最终将现场数据、报警消息、控制接口、运行策略，结合BIM信息模型，形成了运营中心、综合安全、通行管理、绿色运行、场景区域、信息管理及用户服务等多个功能中心。实现了数据融合一体化、业务功能可视化的综合运维管理平台。图8-30所示为深圳大学本原设计研究中心的运维管理平台页面。

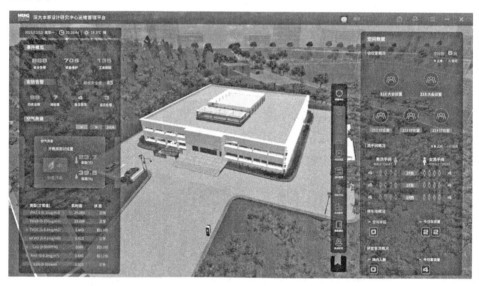

图8-30 深圳大学本原设计研究中心的运维管理平台页面

在建设之初，科研团队就进行了长时间的场景分析与调研，对物联网接入技术、BIM轻量化技术与三维可视引擎技术进行专项研究，最终将现场数据、报警消息、控制接口、运行策略与BIM信息模型相结合，形成了涵盖运营中心、综合安全、通行管理、绿色运行、场景区域、信息管理及用户服务等多个功能为一体的综合中心。实现了数据融合一体化、业务功能可视化的综合运维管理平台。

8.4.2 系统架构

如图8-31所示，深大本原运维管理平台系统架构由基础建设层、保障层、数据资源库、支撑层与应用层组成。

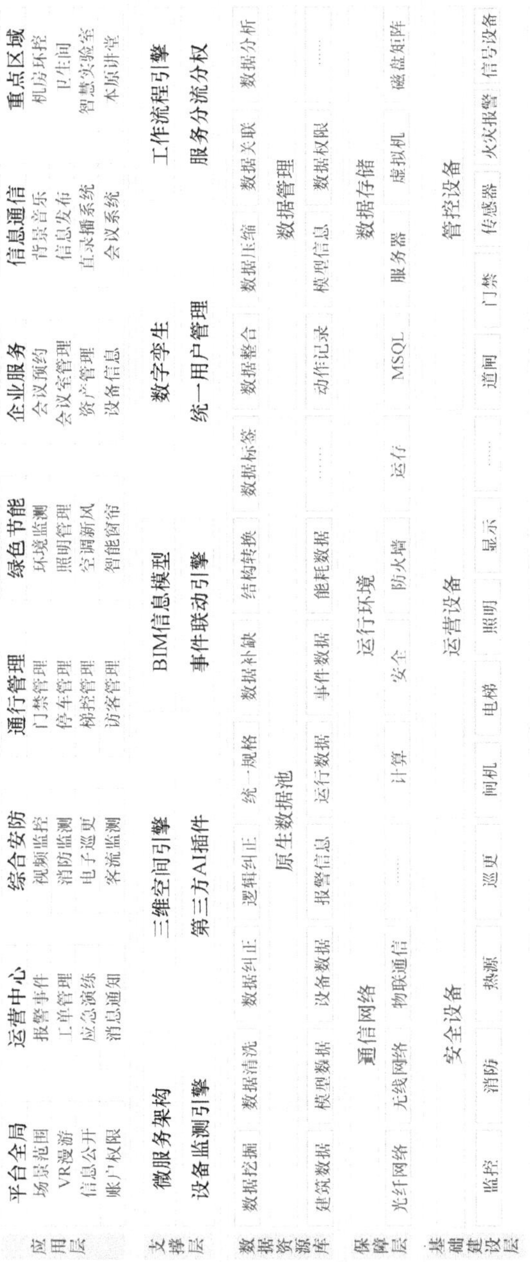

图 8-31　深大本原运维管理平台系统架构

基础建设层由现场的智慧化设备、传感器、控制器等组成,保障层包括通信网络、运行环境、数据存储设备等,在基础建设层与保障层的基础上,建立了数据资源库,通过数据清洗、挖掘、整合、关联形成了融合的、统一的建筑数据资源。

然后在统一的用户权限、服务分流等机制下,再融合 BIM 信息模型,轻量化三维引擎,成为各场景应用的支撑层。最终实现包括运营中心、综合安全、通行管理、绿色运行、场景区域、信息管理及用户服务多个功能与场景应用,以满足各类使用人员的需要。技术方案解释如图 8-32 所示。

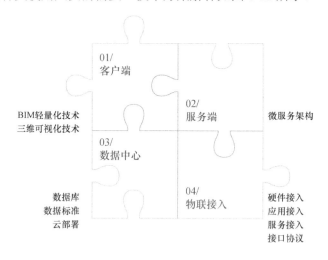

图 8-32　技术方案解释

如图 8-33 所示,运营中心由报警事件、工单管理、应急演练及消息通知模块组成,将全部的报警信息、工单条目汇总到同一个模块,集中记录、处理与分析展示。

应急演练模块包括应急联系人、应急物资的展示,以及以支持三维可视的方式将应急逃生路线及逃生演练数据进行分析与展示。

如图 8-34 和图 8-35 所示,综合安防由视频监控、消防监测、电子巡更等涉及安全的模块组成,集中在综合安防进行统一的安防管理。

通过三维场景可视的方式,将安防系统的设备运行状态、对应的空间位置

第8章 智慧化建筑的实践案例剖析

展示在场景中。支持单击对应位置的设备,可查看对应的信息,实现场景与实际设备一一对应。如单击场景中的监控设备,可查看视频监控画面。支持在场景中可视化地查看消防设备在空间中的位置及运行状态。

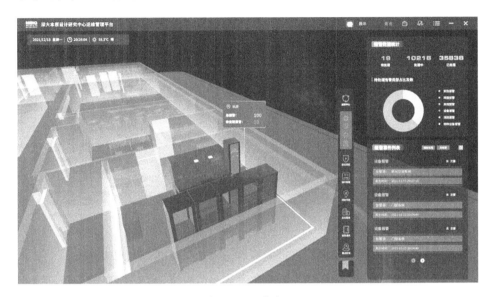

图 8-33 运营中心

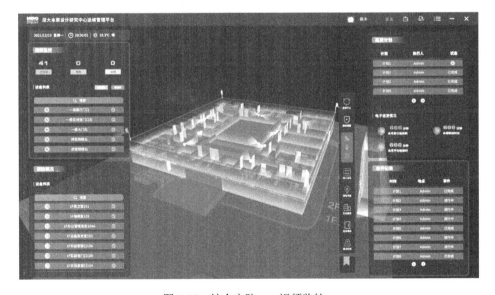

图 8-34 综合安防——视频监控一

数智融合：楼宇智慧化转型之路

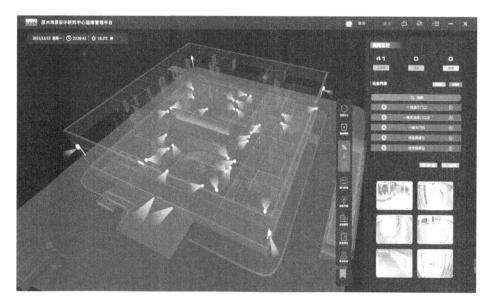

图 8-35　综合安防——视频监控二

图 8-36 至图 8-38 是通行管理的内容，涉及人员通行和车辆通行几个子系统，包括门禁管理、停车系统、电梯、访客和客流统计。通过三维场景可视的方式，将通行管理的设备运行状态、对应的空间位置展示在场景中。

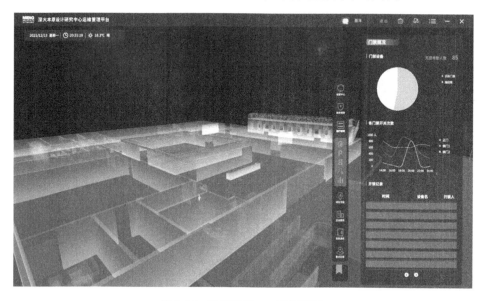

图 8-36　通行管理——门禁管理

第 8 章　智慧化建筑的实践案例剖析

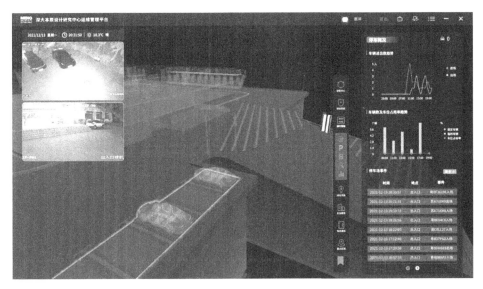

图 8-37　通行管理——停车系统

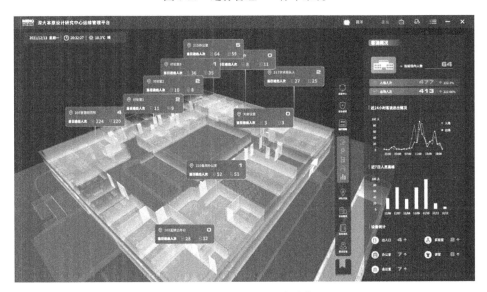

图 8-38　通行管理——客流统计

通行管理内容包括记录人员、车辆的出入信息，记录重点空间的出入客流信息，实现不同场景下的联动需求。

图 8-39 至图 8-41 是绿色节能管理，将建筑内与环境有关的八大模块进行集中管控，包括环境监测、照明管理、空调新风、智能窗帘、直饮水、雨水收

集、智慧灌溉及能耗管理，全部通过三维场景可视的方式，将通行管理的设备运行状态、对应的空间位置展示在场景中。实现对建筑内环境重要因素的监测，支持当监测到空气质量较差时，自动联动开启空调新风进行处理，提升建筑环境舒适感。

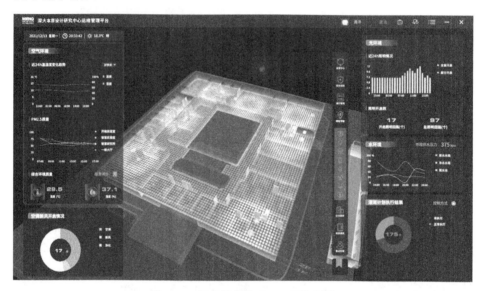

图 8-39　绿色节能管理——环境监测

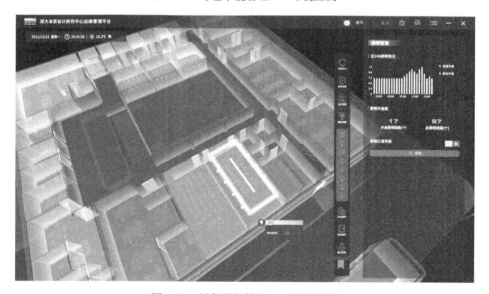

图 8-40　绿色节能管理——照明管理

第 8 章 智慧化建筑的实践案例剖析

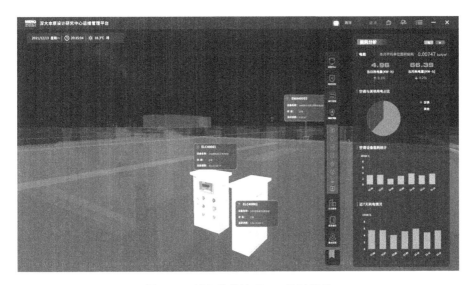

图 8-41 绿色节能管理——能耗管理

如图 8-42 所示，企业服务是将建筑内常用的会议室管理和资产管理集中进行统计，支持在三维场景中，可视地显示会议室当前的使用状态、使用时长统计及资产的位置。实现在平台中统计和查看建筑中的会议室预约、使用率及资产设备的集中管理。

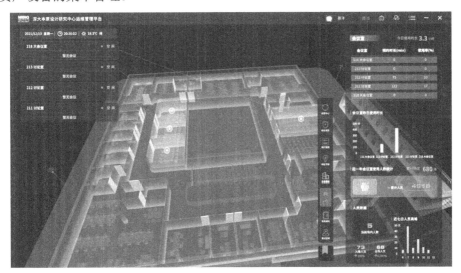

图 8-42 企业服务——会议室管理

如图 8-43 所示，信息通信是将建筑中的背景音乐系统、信息发布系统以

213

及直录播系统进行接入与管理,支持在平台上查看设备的运行状态以及控制背景音乐的播放、信息展示屏的多媒体播放功能,当有讲座时,可将直录播视频流共享在不同的会议系统中。

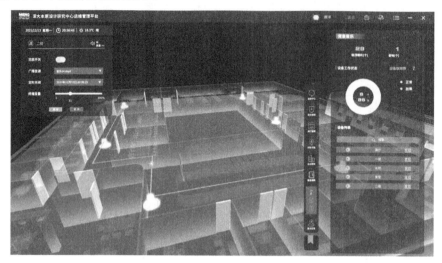

图 8-43 信息通信——背景音乐

如图 8-44 所示,重点区域是将建筑内需要重点关注、重点管理的空间进行单独建模显示,将单独空间中的可监测管理的设备显示在同一个空间内,实现对空间设备状态的可视和统一管控。

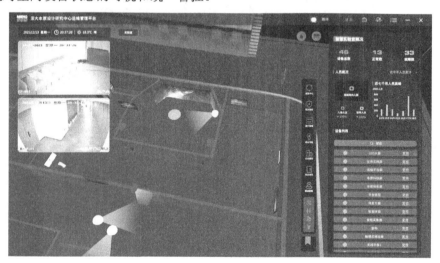

图 8-44 重点区域——智慧展厅

8.4.3 案例特点

深圳大学本原项目作为典型的校园智慧建筑示范工程,具有如下特点。

1. BIM 运营的全覆盖

在独树一帜的 BIM 轻量化与三维引擎技术的支撑下,基于 BIM 的三维可视运营管理覆盖连接了建筑中包括水、暖、电、环境等数十个子系统,并且保证了其运行效率。

2. 强调应用的联动

改变了以往重系统轻应用的传统逻辑,加强了在不同的空间场景下的实际应用,更加贴合实际使用人群的需求。在洗手间、会议室、讲堂课室、实验室、办公室、停车场等空间场景,均通过设备监测与控制策略的组合,形成不同的场景应用。

如访客系统与停车、门禁系统的联动,访客信息与保卫、接待部门的共享;空气质量数据与新风、除臭系统的联动;会议预约系统与会议室设备、门禁的联动;设备报警信息与物业工单维保系统的联动;实验室、讲堂课室、办公室的设备可按预设策略进行集中控制与自运行等。

3. 强调服务的人文

以往的智慧建筑系统建设中,更重视物业与管理人员的运维管理需求。本原设计研究中心是从办公人员、行政人员、安保、保洁多角度出发,利用信息与数据系统优势,尽可能地为多角色人群提供便捷的工作服务、良好的生活环境。

8.4.4 案例成效及意义

本原智慧化项目案例给运维、运营、直接用户都带来了很好的体验效果。

1. 运维更高效更安全

有效地解决了信息存储、检索与传递的问题,实现设备的实时运行状态监测和故障报警提示等功能。帮助运维人员更好地掌握系统与设备的运行情况。维护策略管理功能可以满足运维人员的日常工作需求，同时将工单与维护工作的执行情况及时地更新至平台数据库，使建筑运维的日常工作可视、可查、可记录。

真实地反映隐蔽工程的关键位置与类别的信息，帮助运维人员快速定位，使日常的建筑运维工作以及对故障或报警与预警的响应都更具有针对性，能够快速地查找问题根源所在，及时地解决问题。实现设备的静态台账查询与动态运行参数的检测，提高建筑运维的日常工作效率。支持报警分类、报警分级，支持报警流程化处理，支持报警信息与报警点联动，从"声音""视觉""信息"等维度保障建筑运维系统的安全运行。

2. 节能省力减少浪费

节能省力是平台的核心价值之一，在设计之初充分考虑节能省力的管理需求，提升可视化水平、节省成本。通过整合信息模型和能源管理系统，帮助建筑优化能源成本，增强建筑的运维效率。

通过集成能源管理和设备设施信息，可以对建筑重点用能设备进行实时和历史统计的能效监测和能效评估，为将来的建筑能效优化设计和节能实施提供充足的第三方基础数据。根据经验，大多数提高能效、提升性能的改善只需要少量的操作改变，即可实现降低维护费用，保障长期高效运行。

空间与数据信息绑定，可视化管理度高，实现空间数据追踪。系统报警管理，实现报警信息空间定位。支持数据分析功能，感知分析系统运行状况，制定合理运行策略。这些特性可以大大降低建筑的运维工程师的工作量，从而在一定程度上可以起到减少人力资源成本的目的，将有限的运维费用投入到产出更大的环节中，减少能源和人力成本的投入，也可以有效地减少资源浪费。

3. 提高舒适环境体验

办公建筑在作为城市居民主要的工作生活场所外，同样担任着城市文化、形象的名片，从居民自身体验出发，空气、温度、照明亮度，都会影响居民的感官。而可视化技术的应用向运维延伸，进一步提高了服务品质和效率，充分利用可视优势，通过环境场或空间部署设备点位的方式进行环境监测，可测可评的环境参数信息帮助运维人员有效掌握建筑内环境质量信息，包括温度、湿度、照明亮度。系统可充分与空调、通风系统联动，实现了环境的自动可调、可控，真正保障了环境品质。运维管理可以根据实时数据预测环境品质参数的走势，及时采取相应管控措施促进环境品质提升。在能耗指标和环境品质指标的双重约束下，环控系统的运行才有可能达到最优。

4. 数据协同提高价值

办公建筑作为城市居民基本的活动场所，在高强度、长时间的运营过程中，人员数据、综合环境信息、设备运行数据都在实时进行刷新、不断出现新增，最终形成了建筑运营数据池。在数据池里存储着大量可以支撑运营、运维乃至建筑规划设计工作的有价值的数据，通过数据协同技术，可将数据对称至设计模块。如此一来，规划设计人员可在设计阶段得到实际运营反馈的数据来验证设计。同样，设计建造数据可对称至运营模块，在运营阶段进行提取、比对与验证。由此即可形成数据协同的完整闭环。

8.5 案例剖析

结合前面的几个案例，对照分析各自所能寻找的对应的建设思路。

阿里亲橙里商超通过 IBOS 对新零售场景的全面支撑实践了平台化的建设思路。业务平台抓取并沉淀智慧商业的人、设备、空间、交易运营数据，打通线上线下数据，为业务驱动构建多元多能的平台环境，孵化新零售场景打下良好的基础，创造线上线下全融合的全新购物体验。数据平台基于 IBOS 数据融合能力和人工智能技术，实现了商场、商家、消费者三方的数字化融合，给 C 端消费者提供有温度的服务，增加消费者黏性，同时也赋能 B 端用户（合作商户、商场），提升商户经营业绩，提升运营效率，从而提升项目整体收益，探索全新的商业运营模式。

顺德和美术馆则强调用户交互和数据驱动下的主动服务。美术馆服务的对象主要是"人",这里既有美术馆的参观者,也包括运营工作人员,同时放大来看,展馆的藏品也是被服务的对象,所以为了更好地维护和满足各类对象的需求,基于反馈交互和数据使用,是一个很好的渠道。关心维护建筑运作的自控设备运行的好坏不是目的,建筑自身是否健康、内部环境是否适宜、使用者是否体验差,这才是数据驱动的目标,同时移动互联网也让建筑用户有更多机会提出自己的诉求,通过收集这些多种交互端的反向数据,管理方可以更及时、更有效地掌握需应对的情况,做到早预防、先准备,防患于未然,让美术馆的所有对象都能享受智慧化带来的便利。

上海市同济医院紧抓多租户的差异化需求和基于 SaaS 平台的协同能力,用数据串联不同群体(医护人员、病人、院区管理)的各方诉求。这些群体间有大量的信息是需要共享和发生协作的,如病人的紧急呼叫和医护人员的及时通知等,围绕智慧化场景,SaaS 平台保证了相关利益方的行为在一个统一的环境下,业务联动更加紧密和稳定,彼此满足、共同成就。而且协同降低了组织的层级化成本,更有利于调动个体积极性,让群体与个体均能感受到科技的温暖,加深相互间的信任感,提高工作质量。

深圳大学本原智慧建筑,通过形成数据标准,打造建筑运营数据池,用以存储大量可以支撑运营、运维乃至建筑规划设计工作的价值数据,使 BIM 轻量化模型及三维可视引擎技术能更好地为运营、运维提供高效支撑。同时,通过数据共享让规划设计、实际运营、交付运维能彼此协同,形成全链路的完整闭环。

第 9 章
建筑智慧化进阶的核心要点及趋势

建筑的智慧化随着时代发展也在不断丰富和演化，对于未来的建筑有何预期，我们也做了些思考。

9.1 绿色零碳建筑

建筑不仅是人们居住生活的场所，还是影响环境、作用环境的重要对象。传统的建筑业一直极大地消耗着自然环境，同时附带着种种对自然环境的副作用。但随着社会的发展，人们对建筑的关注点逐渐从建筑本身投向了与建筑相关的环境上，这是当代建筑领域的一个重要特征。建筑离不开其所处的环境，环境则是建筑所依存的条件。

随着经济的发展与科学技术的进步，人们的生活水平日益提升，并且开始向往一种新的宜居方式。在这种情况下，绿色建筑就备受人们的认可和关注，同时这也适应了社会可持续发展的需要，在人们节能意识、环保意识不断增强的社会环境下，绿色低碳建筑技术便成为国家应对气候变暖的重要战略。

绿色低碳建筑是指在建筑材料、设备制造、建筑施工和建筑物使用的整个生命周期内，减少化石能源的使用，提高能效且降低二氧化碳排放量的建筑。从本质上说，绿色低碳需要做到降低建筑对环境产生的污染，从而在一定程度上确保自然环境的平衡性，以此推动人类社会与自然环境和谐相处。绿色低碳的建筑建设理念，强调对太阳能、风能等可再生能源的充分利用，最大限度地节约能源，保护人类赖以生存的环境，实现人类社会的可持续发展。

9.1.1 从低碳到零碳

低碳建筑（Low Carbon Buildings）概念源自2003年英国政府提出的低碳经济理念，其2006年启动的低碳建筑项目把采用各种技术提高建筑能效、实现碳排放量显著减少的建筑定性为低碳建筑。在国内，对低碳建筑的论述始见于2008年，一般理解为应用了节能技术、做到碳排放量尽可能低的建筑。2012年5月1日实施的重庆市《低碳建筑评价标准》给出的低碳定义则是："在建筑生命周期内，从规划、设计、施工、运营、拆除、回收利用等各个阶段，通过减少碳源和增加碳汇等实现建筑生命周期碳排放性能优化的建筑。"

零碳建筑（Zero Carbon Buildings）概念多见于欧美国家的相关学术研究文献。澳大利亚可持续建设环境委员会（ASBEC）提出的零碳建筑"标准定义"是：零碳建筑是一种在其运行中产生的年度净碳排放量（包括所有直接碳排放和因用电、采暖等产生的间接碳排放）为零的建筑；其中建筑的运行包括所有交付使用时的建筑结构、热水器、内置灶具、固定照明、共享的基础设施，以及安装的可再生能源装置等，同时必须满足特定的能效标准，其合规性则基于温室气体排放量的模拟或监控结果。ASBEC还提出了5个引申术语，见表9-1。

表9-1 ASBEC零碳建筑及引申术语

名　　称	含　　义
零碳建筑 （Zero Carbon Building）	标准定义，仅包括建筑运行碳排放
零产碳建筑 （Zero Carbon Occupied Building）	包括所有直接和间接碳排放
零含碳建筑 （Zero Carbon Embodied Building）	包括建材内含的碳排放

(续表)

名　称	含　义
全生命周期零碳建筑 (Zero Carbon Life-cycle Building)	包括建筑全生命周期内所有的碳排放
自主零碳建筑 (Autonomous Zero Carbon Building)	无电网连接
碳正建筑（或负产碳建筑） (Carbon Positive Buildings Carbon Positive Occupied Building)	碳减排量多于排放量

值得注意的是，很多零碳政策只关注减少建筑运行阶段的碳排放，结果导致建筑内含的能源消耗（用于生产、运输建材和产品所消耗的能源，能耗）明显增加，有的情况甚至与整个生命周期内运行期间的能源消耗不相上下。由此可见，真正合理的零碳建筑应该不仅要通过可再生能源抵消运行能耗造成的碳排放，还要能抵消建材内含的能耗所对应的碳排放。

国内对零碳建筑的研究始见于 2009 年对英国零碳建筑项目的介绍和讨论。2012 年 11 月，中新天津生态城公屋展示中心投入使用后，其官方网站对"零碳建筑"的描述是"在不消耗煤炭、石油、电力等能源的情况下，全年的能耗全部由现场产生的可再生能源提供"，其主要特点是除了加强建筑围护结构、被动式节能设计外，将建筑能源需求转向为太阳能、风能、浅层地热能、生物质能等可再生能源。此外，中国香港建筑业认为零碳建筑是指"建筑物每年运行所需的能源，完全由可再生能源提供或补偿"，其 2013 年投入使用的零碳天地即以光伏板和生物柴油推动的三联供应系统，现场生产可再生能源，就地发电并回馈电网，抵消从电网中使用的能源及相应的碳排放量。

零碳>低碳

可以发现"低碳建筑"概念在减排要求方面比较模糊，仅要求"碳排放量尽可能低"，比较宽泛、缺乏明确目标，不过衡量标准都体现在所覆盖的建筑全生命周期方面，基本都要求覆盖建造和使用（运行、运营）两个阶段。

"零碳建筑"概念则有明确的减排要求，即所考察碳源的碳排放量为零，或者通过中和、补偿后实现零目标。但这个零目标对应到覆盖的生命周期和技术措施就有所区别。例如，如果要求在运行阶段实现零碳目标，则一般仅建议采取减少碳源、提高能效等措施来实现。如果要求全生命周期范畴或"建造+运行"两阶段实现零碳，则允许在运行阶段的碳排放降至极低后，通过碳中和或碳补偿等方式来实现零碳目标。从建筑碳减排的根本目的考虑，如果只关注运行阶段的碳减排，则容易导致为了实现减排目标，在建筑建造阶段耗费大量材料，虽然运行阶段的碳排放减少了，但总体上碳排放反而有可能增加，这显然有悖于碳减排的初衷。

理论上，低碳是零碳的发展基础，零碳建筑在其零碳目标实现之前，实质上是低碳建筑。从低碳到零碳是量变积累到质变的过程。零碳是低碳的追求目标，低碳建筑发展到极限应该是零碳建筑。相对而言，零碳建筑概念周全、目标明确、具有挑战性，更表达了一种决心，本质上是要求将建筑的建造和使用这一人类活动对环境的影响降到最低甚至为零。对建筑碳减排效果的衡量，应系统地采用全生命周期范畴的碳减排量来加以考察。建筑建造阶段的碳排放（包括建材内含的以及所在地原有建筑被拆除或土地用途变更带来的碳排放）可以按照建筑设计寿命加以年化，再加上运行、维护阶段的碳排放。按年度考察运用各种减排技术后是否能够加以抵消，最终实现零碳的目标。在当前技术条件下，实现全生命周期范畴的绝对零碳排放并不容易。在满足一定的技术碳减排目标后，碳中和或碳补偿的措施是值得考虑的。

9.1.2 如何零碳甚至负碳

建筑领域，目前城市碳排放的 60%来自于建筑维持功能本身，构建绿色建筑技术体系、发展低碳建筑极其重要，其关键是建筑设计规划、建造准备、施工阶段、运维管理、拆除报废的低碳控制优化。零碳建筑实施路径如图 9-1 所示。

实现零碳建筑不是某一个环节的事情，而是需要从源头到末端，全过程进行无碳设计。

第9章 建筑智慧化进阶的核心要点及趋势

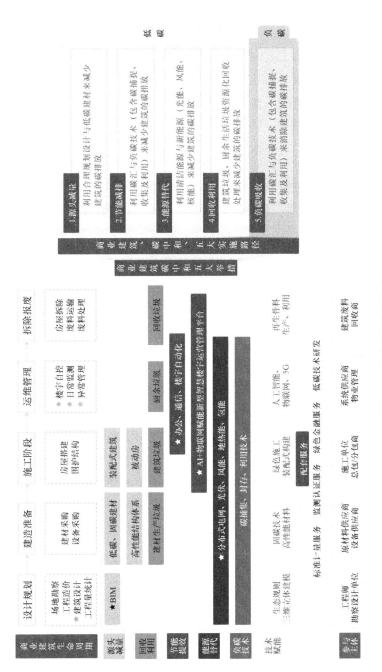

图 9-1 零碳建筑实施路径

223

首先,这是源头控制的"无碳技术",即在设计规划和建造准备上就通过合理规划和选用低碳建材来减少建筑的碳排放。如在建筑材料生产方面,可以使用绿色建材,包括推广获得绿色建材产品认证检测的太阳能光伏产品、可循环可利用建材、高强度高耐久建材、绿色部品部件、绿色装饰装修材料、节水节能建材等绿色建材产品。强调对阳光、废水、空气和木材的可循环利用。各种节能措施都从环保角度考虑,简便易行、切实有效。例如,利用阳光和导热材料采暖、利用废木头发电并制造热水、妥善利用水资源和先进的通风系统等。

在施工阶段,使用装配式建筑也属于在源头减少碳排放的一种手段。装配式建筑具有构件模块化、生产标准化和装配标准化等优势,施工过程中可以大幅降低能耗,减少建筑废弃物和废气、噪声、废物废水等污染排放。

其次,这是大力开发以无碳排放为根本特征的清洁替代能源。它主要包括风力发电、太阳能发电、水力发电、地热供暖与发电、生物质燃料、核能技术等,其最终理想的情况是实现对化石能源的彻底取代。这是因为化石燃料燃烧是主要的碳排放源,经由化石燃料燃烧每年进入大气的碳排放量约为 80 亿吨。在建筑施工阶段,可利用屋顶光伏发电技术,实现自然光和灯光照明有效整合,可通过建造无动力屋顶通风设备,调节风流风速并带动风机发电。

再次,这是过程控制的"减碳技术",是指实现生产消费使用过程的低碳化,使之达到高效能、低排放的效果。集中体现在节能减排技术方面。在建筑行业,通过构建绿色建筑技术体系、推进资源建筑应用、集成创新建筑节能技术等来减少电能和燃料的使用。如通过数字化运营管理手段,对楼宇自动化控制、安防消防进行统筹监控,按需启用耗能设备,不仅可以达到降温效果,也可以节省空调电力,还可以减少大气污染物的排放。

厨余回收,变废为宝也是一个重要的环节。利用厨余发电供暖、雨水回收灌溉、垃圾积肥等手段进一步降低建筑的碳排放。

最后,这是实现末端控制的"节能减排",特指捕获、封存和积极利用排放的碳元素,即开发以降低大气中碳含量为根本特征的二氧化碳的捕集、封存及利用技术,即 CCUS(Carbon Capture&Storage)技术,最为理想的状况是实现碳的零排放,主要包括碳回收与储藏技术、二氧化碳聚合利用技术等。根据

第9章 建筑智慧化进阶的核心要点及趋势

联合国政府间气候变化委员会的调查,该技术的应用能够将全球二氧化碳的排放量减少为当前排放量的 20%~40%,将对气候变化产生积极影响。零碳建筑实现方法如图 9-2 所示。

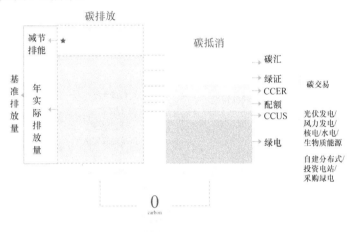

CCER: China Certification Emission Reduction, 中国核证自愿减排量
CCUS: Carbon Capture, Utilization, and Storage, 碳捕捉与封存技术
REC: Renewable Energy Certification, 可再生能源电力证书

图 9-2 零碳建筑实现方法

在实践中,由于不同类型的建筑在自身能耗、技术措施的实施条件等方面存在着巨大的差异,所以还需要结合具体情况,定制化地采用技术措施,设置需要达到的基本能效要求等,并制定阶段性的目标和实施计划,循序推进和落实每个环节。对于难以实现全生命周期绝对零碳的中高层建筑,则可以先设定明确的低碳目标,使建筑本身达到合格的低碳水平。通过倡导低碳生活乃至零碳生活,在社区层面实现进一步低碳乃至零碳。同时,基于可持续发展的要求,还需要从住户、用户角度考虑,兼顾舒适性、经济性和环境影响,不能忽视建筑的基本功能要求和可支付性。就我国的国情而言,由于各地社会经济状况和自然条件差异较大,低碳解决方案、阶段性减排要求等不宜一刀切,需要根据具体情况来确定。对于人口密集的城市而言,还必须全盘考虑城市形态、交通安排、产业及社区生活设施的配置等,从整体上实现低碳甚至零碳。总之,建筑从低碳到零碳,是可值得追求的、可期待的,但必须通盘考量并加倍努力实践的过程。

9.1.3 绿色建筑空间巨大

绿色建筑和低碳建筑很多时候会被混用，其实两者有区别，绿色建筑侧重的是保护生态环境，低碳建筑则侧重能源节约。绿色建筑的细分图如图 9-3 所示。

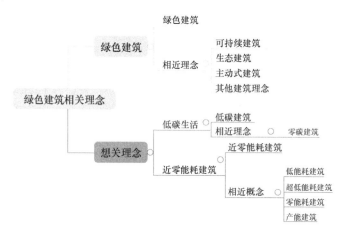

图 9-3 绿色建筑的细分图

绿色建筑强调环境的可持续性，关注环境保护，注重最大限度地利用太阳能、风能等可再生能源；而低碳建筑则关注能源消耗，注重低能耗，通过节能措施降低碳排放和利用碳捕捉等降碳新技术。两者之间的核心内容虽略有不同，研究角度各有侧重，但追求的目标是一致的，就是要建设资源节约型、环境友好型、可持续发展的建筑。

绿色低碳建筑的内容不仅包括建筑本体，也包括建筑内部以及建筑外部环境生态功能系统及构建社区安全、健康的稳定生态服务与维护功能系统。对于室外环境而言，绿色低碳建筑通过科学的整体设计，集成绿色配置、自然通风、自然采光、低能耗围护结构、新能源利用、中水回用、绿色建材和智能控制等高新技术，具有选址规划合理、资源利用高效、节能措施综合有效、建筑环境健康舒适、废物排放减量无害、建筑功能灵活适宜六大特点。对于室内环境而言，这些环境本质上决定人们的舒适度，而通过绿色建筑，可以充分利用一切资源，因地制宜，从规划、设计、环境配置的建筑方法入手，通过各种绿色技术手段合理地提高建筑室内的舒适性,同时保障人的健康生活,给居民提供良好的生活环境质量。绿色建筑的发展历程如图 9-4 所示,低(零)碳建筑的发展历程如图 9-5 所示。

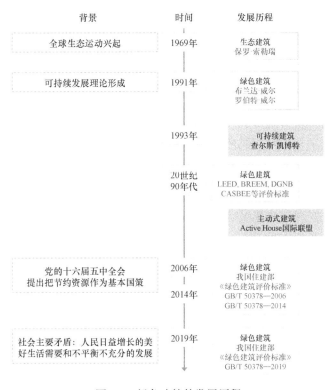

图 9-4 绿色建筑的发展历程

图 9-5 低(零)碳建筑的发展历程

绿色建筑和低(零)碳建筑是实现建筑"双碳"目标的两个方面。

20世纪以来，全球气候变暖的问题越来越严重，温室效应正不断威胁着地球的生态环境。日益增加的CO_2排放量不仅会使全球气温上升、气候极度动荡，还会对陆地和海洋的分布状况产生复杂而严重的影响，如持续的海平面上升、堤坝崩塌、土壤沉陷等，基于这些问题背景而提出的"零碳"正是为了减少CO_2排放和降低温室效应。零碳计划不仅是能源日益紧张下的客观要求，也是环境保护的客观要求，更是维护地球——我们唯一家园的必要举措。绿色建筑、可持续建筑的初衷正是基于生态，将气候、环境、能源等多个元素整体综合考虑后的客观结果。

建筑产生了全球约60%的CO_2排放量，是温室气体的主要排放源。因此，在所有减少温室效应气体排放的立法规划中，建筑都处于核心地位。在建筑的规划、设计、建造和使用过程中，减少能源消耗，最大限度实现零碳排放，对缓解全球气候变暖和改善城市的生存环境具有举足轻重的作用。保护环境，追求能源再利用的观念深入人心，绿色低碳建筑顺应了这种时代要求，更受到了全球的关注。以"零碳"为极致目标的绿色零碳建筑强调地表生态环境保护和重视可持续发展，其意义是非常积极且现实的。在新经济时代下，绿色零碳建筑终将成为未来建筑产业的主流趋势。

9.1.4 未来绿色零碳建筑是大势所趋

2021年4月，国家标准《零碳建筑技术标准》启动会在中国建筑科学研究院召开，这次会议正是为了建筑领域积极落实国家"30·60"双碳目标，力争于2030年前实现碳达峰，努力争取2060年前实现碳中和。

建筑碳排放在终端碳排放占比巨大，中国建筑节能协会发布《中国建筑能耗研究报告（2020）》，指出2018年全国建筑全过程碳排放总量为49.3亿吨，占全国碳排放比重的51.3%，其中，建材生产阶段占比28.3%，建筑运行阶段占比21.9%，如图9-6所示。可见，要展现低碳经济，实现碳中和与碳达峰，全过程的碳排放管理异常重要。

对于发展中国家而言，由于大量人口涌入城市，对住宅、道路、地下工程、公共设施的需求越来越高，所耗费的能源也越来越多，这与日益匮乏的石油资源、煤资源产生了不可调和的矛盾。我国处于经济快速发展时期，人们对高水平生活的追求日趋强烈，这种消费升级的态势使得人们对建筑的要求越来越高，人均耗能也越来越高，产生的 CO_2 废弃物越来越多，这是与全球倡导的保护环境理念相违背的。以火力发电为例，全世界火力发一度电约排放 0.5kg 的 CO_2。我国的火力发电技术不高，初步估算发一度电约排放 0.7kg 的 CO_2，而我国火力发电量占发电总量的 75%左右。建筑全过程中，还有一些能量是以间接电能的形式出现的，据统计，2020 年我国建筑能耗达到 10.89 亿吨标准煤，这也意味着产生 20 亿吨 CO_2。如果尽早推进完成建筑节能，则将大大缓解地球温室效应产生的压力，也极大地保护了其他资源。

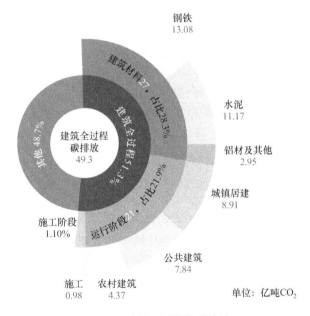

图 9-6 建筑全过程的碳排放

低碳经济的发展已经得到更加广泛的重视并将成为我国乃全全球经济增长的新亮点。其关键在于市场的认可，随着人们对低碳经济的认知和了解，得到市场的全面认可是指日可待的。用不了多久，没有绿色低碳内容的项目恐怕就要被市场淘汰，而积极筹划运营开发的低碳项目或将大行其道。

同时，绿色、低碳建筑还体现了"科学发展观""以人为本""和谐社会"等多重理念，符合人类社会发展要求，顺应时代潮流。我国绿色、低碳建筑的发展现状可表述为：前途光明，但路途坎坷。目前，绿色、低碳建筑在我国的推广才刚刚起步，很多问题亟待我们去探讨与解决，需要设定与之相对应的部门，以保证政策的落实。绿色、低碳本身不仅限于建筑的节能减排，而更多的是将能耗、环境等各个因素整合起来的一个概念。低碳主要是指减少整个社会的能源消耗，因此低碳是大环境下的低碳，只有在整个大环境下实现低碳，才可能真正做到可持续发展。未来，社会各界都会更加积极关注绿色建筑和低碳人居，使绿色生活成为每一个普通居民重要的生活方式。

我国的发展，必须是可持续的。经济要发展，人民生活也要改善，在人民生活改善中不能照抄西方高能耗的道路，我们需要用比西方低得多的能源让全国人民过上健康的生活，成为建筑节能技术和建筑节能产业的强国。

未来绿色零碳建筑的3个主要发展趋势如下。

（1）新技术与新材料将会让未来建筑能耗与碳排放不断减少，绿色建筑将会满足零能耗建筑或零碳建筑的要求，并逐渐向产能建筑发展。低碳、零碳、脱碳技术会有革命性的突破和创新，智能电网、储能、氢能等技术的研发应用，可再生能源发电技术的研发推广等，都有望迎来一个"蜜月期""爆发期"。

（2）5G、人工智能与物联网一定会促使智慧建筑飞速发展，势必会扩充绿色建筑在智慧方面的内涵。在产业数字化转型和"双碳"目标实现过程中，信息化将扮演重要的角色，减排离不开大数据，也离不开IT技术。将云计算、大数据、人工智能等先进技术应用到能源管理、交通运输、城市建设等领域，会带来显著的能效提高和节能减排效益。

（3）社会的总生产力将不断提升，人民生活水平也会不断提高，但社会贫富差距问题可能仍然较为严重，所以绿色建筑需要更多地体现社会公平性。

零碳建筑的发展当前还存在着很大的障碍。虽然零碳建筑从长远来看更经济且节约能源，但其实施推广取决于多项元素，包括社会观念、科研水平、建筑成本、管理制度、执行策略等。当前，我国零碳建筑的建设和发展更是任重道远，还需要开展许多方面的工作。例如，广泛宣传"零碳"概念、普及节能教育、加强人们保护地球环境的责任感等;吸取他国先进经验,研究创造适宜的节能技术,有效降低零碳建筑的造价;培养相关人才,在建筑设计人员和相关专业的学生中强化节能意识,积极开展有关零碳建筑和零碳城市的科学研究;政府加大节能减排管理力度,制定零碳建筑标准,支持鼓励建房者采用零碳节能技术并提供优惠政策。相信只要实现了这些突破,实现建筑节能、生态、健康、环保的美好理想并不遥远。

9.2 装配式建筑

装配式建筑又称预制模块化建筑(Prefabrication and Modular Building),是指把传统建造方式中的大量现场作业工作转移到工厂进行,在工厂加工制作好建筑用构件和配件(如楼板、墙板、楼梯、阳台等),运输到建筑施工现场,通过可靠的连接方式在现场装配安装完成的建筑。

装配式建筑是随着现代工业技术的发展而出现的。当建造房屋可以像机器生产那样成批成套地制造时,把预制好的房屋构件运到工地装配起来,形成完整的装配建筑才有可能成为现实。装配建筑示例如图9-7所示。

图9-7 装配式建筑示例

装配式建筑在 20 世纪初就引起了人们的兴趣，而到 20 世纪 60 年代才终于实现。英国、法国、苏联等国首先进行了尝试。由于装配式建筑的建造速度快，而且生产成本较低，所以迅速在世界各地推广开来。

早期的装配式建筑外形比较呆板，千篇一律。后来人们在设计上做了改进，增加了灵活性和多样性，使装配式建筑不仅能够成批建造，而且样式丰富。美国有一种活动住宅，是比较先进的装配式建筑，每个住宅单元就像是一辆大型的拖车，只要用特殊的汽车把它拉到现场，再由起重机吊装到地板垫块上和预理好的水道、电源、电话系统相接，就能直接使用。活动住宅内部有暖气、浴室、厨房、餐厅、卧室等设施。活动住宅既能独立成为一个单元，也能互相连接起来。

国内的装配式建筑规划可追溯 2015 年，2015 年年底住房城乡建设部发布《工业化建筑评价标准》，决定 2016 年在全国全面推广装配式建筑，并取得突破性进展，计划到 2025 年装配式建筑占新建筑的比例为 50%以上。2016 年 2 月 22 日，国务院出台《关于大力发展装配式建筑的指导意见》，要求要因地制宜发展装配式混凝土结构、钢结构和现代木结构等装配式建筑，力争用 10 年左右的时间，使装配式建筑占新建建筑面积的比例达到 30%。

我国装配式建筑发展至目前已呈现规模化良好态势。"十三五"期间，平均每年新开工装配式建筑面积增长可达到 50%以上。2020 年，新开工装配式建筑面积达到 6.3 亿平方米，占我国当年新开工建筑总面积的 20.5%。

9.2.1　装配式建筑的优势

装配式建筑从结构形态上还可以分为预制装配式混凝土结构、钢结构、现代木结构建筑等，它们的共同优点就是建造速度快，受气候条件制约小，既节约劳动力又提高建筑质量。当前，全国推广装配式建筑，是因为它采用了标准化设计、工厂化生产、装配化施工、信息化管理、智慧化应用等相关技术，有利于使其早日成为现代工业化生产方式的代表。另外，如前文绿色零碳建筑所述，装配式建筑也是实现资源节约和环境保护的最佳实现途径，即节能、节地、节水、节材、节省时间、节省投资和保护环境，对于建筑的可持续发展具有重要意义。装配式建筑施工和传统建筑施工的比对如表 9-2 所示。

表 9-2 装配式建筑施工和传统建筑施工的比对

比对项	节约率	比对项	节约率
工期	缩短 30%以上	能耗	减少 70%以上
造价	节约 15%以上	人工	减少 40%以上
材料	节省 20%以上	垃圾	减少 80%以上

与传统建筑相比，装配式建筑具有以下优点。

（1）质量好：装配式建筑构件可以大量地进行标准化生产，不受天气等其他一切不确定因素影响，在质量方面更加可靠。

（2）节能环保：装配式建筑能够减少在建设过程中的物料浪费，同时也大大减少了建筑垃圾的产生。

（3）节约人力：预制构件在工厂加工完成，减少了人力的需求，并且降低了施工人员的劳动强度。

（4）缩短工期：预制构件加工完成后，直接拉到施工现场组装，减少了大量的供需损耗，大大加快了施工进度。

9.2.2 装配式建筑为何难推进

乘着宏观政策的东风，装配式建筑产业近几年发展迅猛。"盖房子就像搭积木一样简单"的建筑新理念也逐步被人们所熟知。然而相对于上游生产制造端"跑马圈地"的扩张速度，装配式建筑行业的市场反应略显滞后。从目前来看，装配式建筑要真正做到推广和落地，还远不如"搭积木"一样简单。

除去一些购房群体对装配式商品房持观望态度，大部分群体则更喜欢选择传统现浇的楼房，先入为主地认为"装配式建筑价格高、装配的房子不牢容易漏水"等问题。此外，装配式建筑在落地方面也遭遇了诸多困难，其原因是多方面的。

(1）首先产业上游各个环节单打独斗，集成效益难发挥。装配式的做法把现场一处施工变成了工厂、现场两地施工，生产环节从一个变成了多个，容易出现很多扯皮问题而降低效率。

（2）设计集成度低。传统设计院在结构、机电、装饰一体化集成设计的应用不普遍，并且成熟的可用资源较少，导致装配式建筑设计集成度不高，需进一步打破设计、生产、施工的管理壁垒，提升集成设计水平。

（3）整体工程成本较高。与传统现浇工程相比，装配式建筑施工虽然减少了内外墙抹灰、钢筋模板制作和砌墙的成本，但预制构件的生产、运输及安装成本居高不下。装配式建筑比现成浇灌贵 200~400 元/平方米，导致当前的经济效益不乐观。此外，装配式构件工厂生产，需运输到现场安装，物流成本较大。

（4）缺乏行业标准，社会认可度不高。当前装配式技术标准体系匮乏，专业人才严重不足，技术发展不成熟，制约了其整体的发展。此外，装配式建筑面向社会的推广宣传不够，社会对其结构安全性表示质疑，容易出现误解。如一些项目中夹杂着不少"假装配"的情况出现。因为地方政府部门对装配式建筑的认识不够，对装配式建造方式的技术体系不了解、不认同，未形成正确的观念和认识，造成一些开发商和建筑商明明只用了一两个装配构件就挂上装配式建筑的名头，为的是享受到提高容积率、减免税收、贷款支持、优先用地等丰厚的优惠，甚至还可以拿到财政补贴和各项表彰。

如果希望突破当前的困境，则建议从以下几个方面着力破解。

（1）完善体系，发挥集成效应。装配式建筑未来发展的关键是将一个产品的完整生产过程整合在一个立体中和同一个信息平台上，提高整体生产效率和管理效率，从而降低成本。所以就需要制定相关标准，加强集成管控，保证品质，获得社会认可。

（2）政策推动，规模发展。整体工程成本高归根结底还是因为规模小。当装配式建筑整体规模足够扩大，模具利用率高时，构件成本便能降下来。项目密度大，运输成本便更加可控。

（3）做强试点，广泛示范。现在社会对装配式建筑不太认可，关键还在于不了解，可以开展示范基地评选，并在示范基地组织质量、成本、效率等专题论坛交流，向社会广泛解释并加以推广。此外，还可依托示范基地开展技术攻关试验，整合上下游资源，也将对技术升级和资源集成起到推动作用。

（4）培养新型建筑工业化专业人才，壮大设计、生产、施工、管理等方面人才队伍。设计集成度不够高，各环节单打独斗，集成效益难发挥，问题还在于相应的技术团队、产业工人并没有培养到位，只有加强新型建筑工业化专业技术人员继续教育，加强职业技能培训，培育技能型产业工人，深化建筑用工制度改革，完善建筑业从业人员技能水平评价体系，促进学历证书与职业技能等级证书融通衔接，打通建筑工人职业化发展道路，这些难点才有望被攻克。

发达国家和地区在 20 世纪就开始推行装配式建筑，它们也同样经历了因地制宜的发展道路后，才逐渐形成了适合的建造体系。我国装配式建筑尚处于起步阶段，在政府与企业的双向联动发力下，装配式建筑未来的市场前景可期。

9.2.3　装配式建筑+BIM

9.2.2 节介绍了要解决装配式建筑发展难的问题，离不开将一个产品完整的生产过程整合在同一个信息平台上，以提高整体生产效率和管理效率。当建筑信息模型（BIM）兴起之后，这个装配式信息集成平台的发展路径就愈加明晰了，即装配式和 BIM 两者结合的数字化。

在大数据时代发展趋势下，装配式建筑与 BIM 融合发展，可依托信息技术，打破传统建筑业上下游接线，实现产业链信息共享，推动装配式建筑实现智能升级。BIM 给装配式建筑带来的好处有以下几点。

（1）装配式建筑的生产依赖于工厂流水线，现场安装依赖于编号和组织系统，这些都需要配套的计算机软件支持。这些软件都是基于建筑标准化的生产和管理流程开发出来的，也都属于 BIM 的范畴。

（2）BIM 改变了以往的装配式项目的合作模式，施工单位能够提前介入项目，更早地获取设计模型，从而更合理地进行模块划分、采购材料，并预留足够时间进行工厂加工。

（3）通过 BIM 可以清楚地分割模块，从而协助施工单位寻找尽量多的标准预制件，降低费用。BIM 辅助完成标准预制件如图 9-8 所示。

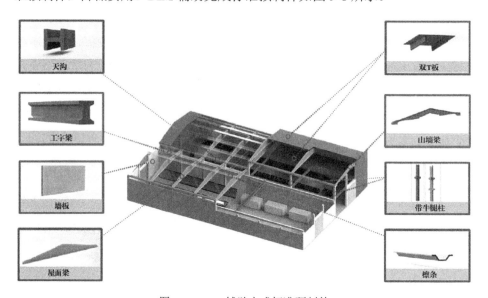

图 9-8　BIM 辅助完成标准预制件

（4）BIM 建模后的构件加工可以在工厂里批量完成，完全可以充分地机械化、标准化作业，相比现场操作，更减少了对环境的影响。例如，可以用龙门吊将构件放置到合适的角度进行焊接，一个熟练技工就可以在车间里重复加工类似构件，并可保证交付质量及效率。如果将构件运到现场施工，由于现场操作条件有限，气候环境也会影响施工质量及速度。

在 2016 年 9 月 14 日召开的国务院常务会议中，要求大力发展装配式建筑，推动产业结构调整升级。2016 年 9 月，上海市发布的《上海市装配式建筑 2016—2020 年发展规划》要求将 BIM 技术融入装配式建筑项目建设全过程，加快配套软件研发，实现产业链各环节数据共享。随着装配式建筑市场的升温，BIM 技术与其融合应用的程度也更加深入。

随着国家提出未来建筑业的发展中要大力推广装配式建筑的战略目标，我国装配式建筑发展的形势非常好,这是难得的机遇。同时,这也需要 BIM 技术的紧密配合,加速装配式建筑行业的发展。利用 BIM 标准化模型库,构建建筑三维模型,使各专业数据产生链接。再加上 BIM 的碰撞检查和自动纠错功能,可以辅助找到各专业的设计冲突,使得建筑在设计阶段就相对清晰。同时,这也有利于信息的有效传递,减少设计变更而提高设计效率,避免由于设计原因造成的资源浪费和成本增加。

例如,在项目前期,运用 BIM 技术与地理信息系统有机结合,利用手机搜索场地信息的总数据,并运用 GIS 技术进行分析,再利用 BIM 技术进行建模处理,从而帮助决策者做出合理的规划。对于构件的信息,也同样运用 BIM 技术建立构件尺寸与材料总数据库。如果需要做出调整,则只需利用计算机操作即可,既省去了图纸的浪费,又节约了人力物力,具有很强的经济效应。

同时,造价预算也利用了 BIM 技术进行预估。传统的造价计算需要花费大量的时间与人力,在很大程度上影响了工期的正常推进,而且由于人工计算报价的原因,难免会出现误差,容易给工程项目带来一定的损失。而 BIM 技术在装配式建筑中的运用使得造价人员可以通过 BIM 建模提供完整的工程量数据,减少工作强度,提高造价精度。

装配式建筑的构件生产是装配式建筑生产周期中的一个重要环节,也是连接装配式建筑设计和施工的一个重要环节。一旦构件生产出现错误,那么设计就无从体现,施工也就无法进行。因此,设计方将所有的设计数据以及参数通过条形码的形式直接转化为加工参数,实现设计信息和生产系统的直接对接,避免生产错误、提高预制构件生产的自动化程度和生产效率。在生产过程中,也可以将实时的生产信息传达给施工单位,以利于施工方的进度安排。

技术与装配式建筑的结合可以在工程的全生命周期中发挥重大的作用,有利于现场的精细化管理,同时也有利于缩短周期、节约成本、保证质量,提高项目管理水平。BIM 技术与装配式建筑必将给我国未来建筑业的发展推波助澜。

9.3　跨产业互联

互联网席卷全球的趋势已势不可挡，工业 4.0、第四次科技革命带来的世界产业格局剧烈变化正在席卷全球，传统企业的改造正在与互联网时代的碰撞和融合中悄然发生，如今产业互联网的时代也已到来。一些发达国家，正利用技术和产业优势开拓传统产业的创新发展之路。德国提出了"工业 4.0"战略，美国提出了"再工业化"和先进制造业国家战略计划，法国出台了新工业计划，日本、韩国正在利用智能技术迎头赶上。十二届全国人大三次会议《政府工作报告》中强调，我国制造业需坚持创新驱动、智能转型、强化基础、绿色发展，加快从制造大国转向制造强国。制定"互联网+"行动计划，推动移动互联网、云计算、大数据、物联网等与现代制造业结合。这对于引领经济发展新常态，打造大众创业、万众创新引擎，意义重大，也对传统建筑产业创新发展提出了更高的要求。

顺应互联网引导的经济社会变革，工业制造和信息技术将成为未来建筑产业加速发展的两个轮子。

9.3.1　两个轮子

装配式建筑所代表的建筑工业化和绿色低碳建筑所代表的建筑生态化是建筑及建筑业可持续发展不可或缺的两个"轮子"。

建筑业的经济已进入新时代，认清这一时代特征有利于我们准确研判未来走势，把握发展的新趋势。这一时代的代表特征如下。

（1）模仿型消费阶段基本结束，个性化、多样化消费渐成主流，这也和当前建筑设计水平不断提高，消费者越来越追求环保、现代、高品质以及个性化的居住生活方式是相辅相成的，新时代的建筑需要更加充分地满足人类对住宅建筑的居住与审美的要求。

（2）建筑所依赖的基础设施会更强调互联互通，随之而来将涌现更多的新技术、新产品、新业态以及新商业模式的投资机会。

（3）环境承载能力已达到或接近上限，所以将来的建筑必然会推动形成绿色低碳循环发展的新方式。

（4）早期依靠低成本价格战来抢占建筑市场的方式将越来越没有竞争优势，市场竞争逐步转向以质量型、差异化为主的竞争，引入高水平建筑与服务型建筑将成为未来趋势，同时小型化、智慧化、专业化将成为新组织的新特征。

（5）随着人口老龄化日趋发展，富余人口减少，要素规模驱动力减弱，经济增长将更多地依靠人力资本的质量和技术进步，建筑内的运营管理将更多依赖数据，传统依靠人力的过程将逐步被机器化和智慧化所代替。

要破解上述新时代特征的难题，重塑我国在全球各国间的竞争新优势，就必须坚持"建筑工业化"和"建筑生态化"的"双轮驱动"，努力在危机中育转"危"为"机"的新格局，促进建筑行业的高质量发展。

9.3.2 产业互联

众所周知，建筑业是国家支柱产业之一，在国民经济和社会发展中具有重要的地位，政府和相关企业均要对建筑业的发展给予足够的重视，同时还需要具体的政策措施作为引导。建筑产业的未来必须坚持走跨越式升级创新发展之路。就像前面提到的两个轮子，建筑工业化和建筑生态化其实代表了两个和建筑业并行且密切相关的两个产业，即工业和信息产业。

建筑业以建设安装为主，需要由劳动者利用机械设备与工具，按设计要求对劳动对象进行加工制作，所以建筑业还具有工业生产的特征。但是，它又不同于一般工业生产的技术经济特点，不仅生产周期长，而且由于建筑物或构筑物的功能要求不同，所处的自然条件和社会经济条件各异，导致每个工程都各有独特的工程设计和施工组织设计，不像工业产业中的采矿业、机械制造业等那样，拥有固定的流程及标准化的生产模式。

另外，建筑业对信息化的要求非常高，建筑智慧化作为一个建筑工程的一项内容，从 20 世纪 80 年代建筑业掀起自动化综合管理的风潮起，就是必不可少的了。而且随着计算机技术的不断发展，数字化与智慧化越来越成为建筑运营的核心要素。

建筑要做绿色零碳的建筑和装配式建筑，就离不开工业制造的相关支持和信息技术的辅助。建筑材料的制造阶段需要通过合理规划和选用低碳建材来减少建筑的碳排放，而且预制构件在工厂就要按照工业流线工艺加工完成。绿色零碳的目标达成也要依靠数字化技术的加持，通过数据来指引管理者查漏补缺，发现可以降碳的环节和采取相关的减碳技术措施。前文多次提到的预制装配式构件更需要和 BIM 信息化技术相结合。

建筑工业化和建筑生态化是彼此相融且密不可分的。行业发展、社会进步以及市场需求都决定这两个产业需要互联互通。

从国家政策上看，党中央、国务院把实施绿色零碳建筑、强力推进建筑工业化提升到国家战略高度，这为传统建筑业转型升级和创新发展注入了强大的动力。这是由建筑行业在国民经济中的地位所决定的。建筑业的投资、消费及带动作用约占国家 GDP 的 20%。我国建筑业市场巨大，它满足了人类社会赖以生存、劳作、发展和进步的不可或缺的物质需求。随着社会进步、经济提升与科技发展，人们对建筑产品，包括建筑构件、建筑部件和建筑装修都会相继提出更多的、更新的和更高的需求，特别是对建筑功能和室内外环境也会有更新的和更高的需求。而客观世界的发展进步，也为满足这种不断提升的需求提供了充分的可能性。从这个意义上说，建筑业是真正意义上的实体经济，如"衣、食、住、行"不可或缺，是为社会、广大民众提供所需的民生工程，为健全国民经济体系提供了坚实的物质技术基础，是实实在在的"常青"产业。

而从市场水平来看，一直以来，我国建筑业以手工劳动为主，劳动强度大且用材和耗能巨大，产品（工程）经常易地而变，导致施工周期长，是我国典型落后的传统产业之一。据统计，我国近几年每年建成的房屋高达 20 多亿平方米，大约占全球同期建造量的一半，规模巨大。特别是随着我国城镇化的发展，给整个建筑业带来了更大的责任和影响力。虽然国家在大力推行绿色建筑行动计划，实施绿色建筑标识，建立绿色建筑示范区，积极推进建筑产业化和住宅产业现代化发展,但从总体上看,其依然局限于推进标准化设计、工厂化生产、装配化施工、一体化装修及信息化管理"五化合一"模式,虽然取得了一定成效,但与国家推行的工业转型升级相差甚远,要跟上工业互联网时代还需做出极大的努力。这和工业化、信息化并未很好融合相关,这两个与建筑密切相关的产业并没有彼此打通,还是被割裂地对待,工业按工业的做法,信息化按信息化的套路推进。当然这也和配套的体制存在短板有间接的关系,从而制约了两个产业的深度融合。例如,建筑业实行真正意义上的工程总承包、推行设计施工一体化、大力发展工程咨询服务严重滞后等问题层出不穷。

我国建筑业在经过多年探索、试验、实践建筑工业化的基础上,应当下决心,集聚并组织足够的力量,打造整体研发具有中国特色的建筑工业化升级版。与此同时,也应当集成研发出以量化为衡量标准的绿色低碳建筑技术和设计方法。建筑工业化和建筑生态化是我国建筑、建筑业可持续发展互不可缺的两个"轮子"。前者主要在于提高建筑"产品"的质量和建筑生产效率,真正沿着"工业化"的轨道发展;后者则是强调与发展可量化、全生命周期的绿色环保的建筑,以及建立相关绿色管理和绿色服务的问题等。只有当建筑工业化和建筑生态化很好地融合,彼此才能打通数据互联、产业协同和应用耦合。因此,对于将来的建筑及建筑业而言,只有跟上时代的步伐,突破常规思维,产生综合效益,才能真正实现建筑业的跨越式发展。

第 10 章

展　望

　　数字化、智慧化是手段不是目的，而这往往是当下很多致力于数字化转型的企业并没有考虑清楚的事情。革命不是请客吃饭，构建数字化平台也一样不是为了卖平台而建平台。

　　楼宇数字化平台也是基础设施，输送的是数据服务。通过平台在现场和云端形成融合，从而实现控制系统的局部自治和场景联动的分布协同。而且依托这一平台的开放性，可以让建筑业的上下游企业都参与这一升级的过程中，同时数据的价值在共享中得到提升。很多传统企业为何被淘汰？往往这种威胁不是来自同行业的竞争，而是来自跨界的降维打击。数据和技术才是未来世界发展最具竞争力的手段和壁垒，这些都需要借助数字化平台在业务场景发展中不断沉淀和优化才能得到。要想做大做强，就不能故步自封，靠某一家或几家企业孤军奋战，而需要像互联网公司那样，用尽可能开放的心态，真正吸引有才华和有智慧的创新企业或个人在数字化平台上施展才能，为整个平台注入源源不断的创新动力。这种交互是双向的，既成就了别人，也让相关业务需求和数据回流到数字化平台中，从而强化了该平台的生命力和竞争优势。开放共享、赋能生态将是保障企业核心竞争力的法宝。

　　历史不会重演，但是历史又会以惊人的相似面貌不断出现。曾几何时，互联网电商让大家蜂拥来到线上,随后的 O2O 又提出线下交易和线上电子商务相结合,紧跟着数字化转型大潮,尤其是工业 4.0 带给人们的启示则是线上赋能线下实业,以数据驱动引导实业升级转型。这里没有零和游戏,而是恰恰体现了融合共赢的精神。建筑业的数字化转型也会如此,从现场设备的数字化到后来的数据业务化与资产化,随即反向通过数字孪生技术重塑从而优化现场制造的流程,业务流从线下到线上再回到线下,线上与线下业务彼此成就,智慧建筑行业的未来就在这交替推动中不断向前发展。

参 考 文 献

[1] 杜明芳. 智慧建筑：智能+时代建筑业转型发展之道[M]. 北京：机械工业出版社，2020.

[2] 钟华. 数字化转型的道与术：以平台思维为核心支撑企业战略可持续发展[M]. 北京：机械工业出版社，2021.

[3] 陈雪频. 一本书读懂数字化转型[M]. 北京：机械工业出版社，2021.

[4] 艾瑞咨询. 磐石——中国 5G 新基建研究报告 2020[R]. 北京：艾瑞咨询，2020.

[5] 中国建筑科学研究院有限公司建筑环境与能源研究院. 2021 建筑智能化应用现状调研白皮书[R]. 北京：中国建筑科学研究院，2021.

[6] 中国信息通信研究院. 大数据白皮书 2020[R]. 北京：CAICT 中国信通院，2020.

[7] 华为技术有限公司. 2020 未来智慧园区白皮书[R]. 2020.

[8] 住房和城乡建设部. 智能建筑设计标准：GB/T 50314—2015[S]. 北京：中国计划出版社，2015.

[9] 中国信息通信研究院. 人工智能核心技术产业白皮书[R]. 北京：CAICT 中国信通院，2021.

[10] 中国信息通信研究院. 数字孪生城市白皮书[R]. 北京：CAICT 中国信通院，2020.

[11] 中国信息通信研究院. 云计算发展白皮书 2020[R]. 北京：CAICT 中国信通院，2020.

[12] 联想&国家工业信息安全发展研究中心. 智慧城市白皮书：依托智慧服务，共创新型智慧城市 2021[R]. 北京：CAICT 中国信通院，2021.